超高强度抽油杆应用技术

蔡文斌 著

中国石化出版社

图书在版编目(CIP)数据

超高强度抽油杆应用技术/蔡文斌著. —北京：中国石化出版社，2023.7
ISBN 978-7-5114-7191-8

Ⅰ.①超…　Ⅱ.①蔡…　Ⅲ.①抽油杆-持久强度-研究　Ⅳ.①TE933

中国国家版本馆CIP数据核字(2023)第138529号

中国石化出版社出版发行
地址：北京市东城区安定门外大街58号
邮编：100011　电话：(010)57512500
发行部电话：(010)57512575
http://www.sinopec-press.com
E-mail:press@sinopec.com
北京科信印刷有限公司印刷
全国各地新华书店经销
*
787×1092毫米16开本10.75印张269千字
2023年8月第1版　2023年8月第1次印刷
定价：66.00元

前　言

超高强度抽油杆（包括HL级、HY级抽油杆，统称为H级抽油杆）具有相对较长的使用寿命，可以延长油井免修期、降低抽油杆整体重量，并能达到节能环保的目的。自2000年以来，超高强度抽油杆在油田中逐步获得广泛应用。目前，抽油杆优化设计方法研究主要建立在C级、K级和D级抽油杆力学性能的基础上，而缺乏对HL级、HY级抽油杆的基础理论研究，因此尚未形成超高强度抽油杆设计方法。在油田现场，超高强度抽油杆的设计大多以普通抽油杆设计为基础，但由于超高强度抽油杆许用应力等力学性能参数与D级抽油杆不同，在杆柱设计过程中，设计人员也没有通盘考虑，使杆柱设计结果的合理性受到较大影响，增大了井下安全生产所面临的风险，最终严重影响到油井的产量。加强超高强度抽油杆的疲劳性能、杆柱设计和应用研究，有助于提高超高强度抽油杆的现场应用效果、减小抽油杆断脱事故的发生概率、提升有杆抽油系统的工作效率。

本书共10章，主要从疲劳性能和杆柱设计两个方面详细介绍了超高强度抽油杆应用技术。其中：第1章介绍了超高强度抽油杆国内外研究现状及现场应用情况；第2章介绍了超高强度抽油杆物理化学性质；第3章介绍了超高强度抽油杆疲劳性能实验；第4章介绍了超高强度抽油杆许用应力计算方法，并建立了相应模型；第5章介绍了定向井抽油杆受力情况；第6章介绍了抽油杆柱组合优化设计方法；第7章介绍了抽油杆扶正器合理间距设计方法；第8章介绍了抽油杆柱优化设计软件开发与应用；第9章介绍了水平井杆管偏磨及防治；第10章介绍了抽油杆疲劳失效。

笔者在本书稿撰写过程中，得到了西安石油大学胥元刚教授的悉心指导和帮助，同时研究生高鹏、杨晓鹏、李文在室内实验及数值计算方面做了大量卓有成效的工作，在此一并表示感谢！

此外，本书的出版由国家自然科学基金项目“循环交变载荷下超高强度抽油杆的宏细观力学特征及疲劳破坏研究”（编号：52074225）及“西安石油大学优秀学术著作出版基金”联合资助。

由于时间仓促，以及笔者水平有限，书中不足之处在所难免，敬请各位读者批评指正。

目　　录

第1章　概　述

抽油杆分为C级、K级、D级、KD级、HL级、HY级6个级别。其中，HL级、HY级抽油杆统称为H级抽油杆或H级超高强度抽油杆。HL级抽油杆通过选用适当的材料和工艺实现其性能要求，而HY级抽油杆通过采用表面淬火工艺实现其性能要求。《抽油杆》(SY/T 5029—2013)给出的6种级别钢制抽油杆力学性能见表1－1。H级超高强度抽油杆是疲劳强度比D级抽油杆高一个等级的抽油杆，其许用最大应力比D级抽油杆高35%以上。H级超高强度抽油杆适用于稠油井、高含水油井、深井或超深井，在油田生产中，通常用小直径的H级超高强度抽油杆代替大直径的D级抽油杆，并组成抽油杆柱。

表1－1　钢制抽油杆力学性能

等　级	材　料	抗拉强度/MPa	屈服强度/MPa
C级	优质碳素钢或合金钢	621～793	>414
K级	镍钼合金钢	621～793	>414
D级	优质碳素钢或合金钢	793～965	>586
KD级	镍钼合金钢	793～965	>586
HL级	合金钢	965～1195	>793
HY级	合金钢	965～1195	—

1.1　超高强度抽油杆应用情况

1.1.1　国内超高强度抽油杆生产情况

国内抽油杆用钢及其制品于1980年由西宁特钢集团有限责任公司和玉门石油管理局机械厂联合开发成功。1995年以前，全国抽油杆用钢生产总量约6×10^4t，西宁特钢集团有限责任公司抽油杆用钢量占全国生产总量的80%以上。自1996年起，全国抽油杆产量逐年增加，截至2005年，抽油杆制造厂家已发展到近40家，年产量达到30×10^4t，其中D级高强度抽油杆占90%左右，H级(HL级和HY级)超高强度抽油杆占10%左右，50%的抽油杆出口到中东地区和俄罗斯等地。在此期间，虽然开发了一些非CrMo系抽油杆用钢及其制品(如唐山钢铁公司开发的25MnVYD抽油杆)，但由于多数油井存在着相当恶劣的腐蚀性环境，因此非CrMo系抽油杆用钢及其制品应用不是很广泛。

H级超高强度抽油杆用钢的开发始于20世纪90年代初。1990年前后，河南石油勘探局从美国Norris公司购买了一批97型抽油杆，并进行了矿场试验。中国石油勘探开发研究院机械所于2000年年初对其中2根直径为19.1mm的短抽油杆进行了实验分析。

1991年，玉门石油管理局机械厂、中国石油勘探开发研究院机械所、西宁特钢集团有限责任公司和冶金部钢铁研究总院，参照美国LTV公司的HS型抽油杆用钢，研制了HS型抽油杆用钢38MnNiCrMo。西宁特钢集团有限责任公司生产了钢材，玉门石油管理局机械厂试制了HS型抽油杆，并进行了性能分析。由于此钢含镍较多，钢材价格较高，致使研制工作中断。

自1994年以来，国内4个抽油杆制造厂采用3种贝氏体钢成功研制了3种HL级抽油杆。1994年，淄博石油设备厂采用唐山钢铁公司的FG20非调质钢(16Mn2SiCrMoVTiA)成功研制了HL级抽油杆。1997年，东北输油管理局机械厂采用唐山贝氏体钢总厂和成都冶金实验厂的特3号H非调质钢(12Mn2SiCr)成功研制了HL级抽油杆。1998年，玉门石油管理局机械厂和内蒙古第一机械制造厂利用西宁特钢集团有限责任公司BZ-11H准贝氏体钢(11Mn2SiCrMoA)成功研制了HL级抽油杆。1994—1999年，4个厂共生产了500多万米HL级抽油杆，主要供大庆、胜利、辽河、中原、新疆和江汉6个油田使用，使用效果较好。由于贝氏体类材料的HL级抽油杆在制造工艺上存在一些问题，在油田使用时频繁发生断杆事故，2003年以后逐渐放弃了不热处理的制造工艺，改为淬火+回火工艺制造杆体。主要原因是在杆体制造过程中，对其头部镦锻后，在该区域存在热影响区，在使用过程中，此处极易出现过早的疲劳破坏(不均匀组织导致的应力腐蚀疲劳)。近几年，国内使用了大量CrMo系材料作为HY级抽油杆的原材料，如35CrMoA、42CrMoA。国内高强度抽油杆制造用钢及工艺情况见表1-2。

表1-2 国内高强度抽油杆制造用钢及工艺情况

序号	抽油杆制造厂	抽油杆用钢	热处理工艺
1	鞍山钢铁公司	CH960	850℃×40min水淬+650℃×空冷
2	唐山钢铁公司	FG20(16Mn2SiCrMoVTiA)	520℃×1h回火
3	西宁特钢集团有限责任公司	BZ-11H(11Mn2SiCrMoA)	930℃正火+350℃回火
4	唐山贝氏体钢总厂	特3号H非调质钢(12Mn2SiCr)	420℃×2h回火

1.1.2 国外超高强度抽油杆生产情况

国外超高强度抽油杆的研制生产始于20世纪70—80年代。生产企业主要有Norris公司、UPCO公司、Trico(Weatherford)公司、Axelson(Weatherford)公司和LTV公司。生产的超高强度抽油杆型号主要有Oil Well公司的EL型、Norris公司的97型、LTV公司的HS型、Trico公司的T-66型和Axelson公司的S-80型5种，此外还有卢森堡Tenaris公司的高强度抽油杆。

1. S－80 型高强度抽油杆

美国 Axelson 公司研究开发了 S－80 型高强度抽油杆，该抽油杆主要具有以下特点：

(1)抽油杆的疲劳强度和屈服强度均较高。S－80 型高强度抽油杆的疲劳强度比经正火处理的 API－C 级抽油杆高 37%；其屈服强度比与 API 相当的抽油杆高 38.5%，具有高强度工作特性。

(2)抽油杆材料的屈服强度比值较大。S－80 型高强度抽油杆采用碳锰钢材料，经过快速淬火处理后，再经过回火处理，可以获得较理想的金相组织，不仅具有合适的硬度与韧性，还具有大的屈服强度比值。

(3)抽油杆的应力腐蚀敏感性较小。根据多年来抽油杆理论与实践积累的经验，美国 Axelson 公司认为：表面经过淬火处理的抽油杆，对应力腐蚀的敏感性较大，S－80 型高强度抽油杆，由于可获得较合理的淬透性，对应力腐蚀的敏感性较小，因而使用安全，寿命也很长。

(4)S－80 型高强度抽油杆耐腐蚀性能好。S－80 型高强度抽油杆不仅具有较高的屈服强度，在较高的工作应力作用下，还具有很好的耐腐蚀性能。

2. KD 级高强度抽油杆

美国 Oil Well 公司研究开发的 KD 级高强度抽油杆，不仅具有 D 级抽油杆的高强度，还具有 K 级抽油杆的耐腐蚀性能。特别适用于高载荷并含有腐蚀介质的油井作业，同时适用于开采稠油。KD 级高强度抽油杆的材料化学成分如表 1－3 所示，KD 级高强度抽油杆材料的机械性能如表 1－4 所示。

表 1－3　KD 级高强度抽油杆的材料化学成分

化学成分	含量/%	化学成分	含量/%	化学成分	含量/%
C	0.20～0.25	S	<0.04	Ni	1.25～1.75
Mn	0.60～0.90	Si	0.15～0.30	Mo	0.20～0.30
P	≤0.03	Cr	0.60～0.90	Cu	0.40～0.60

表 1－4　KD 级高强度抽油杆材料的机械性能

机械性能	数值	机械性能	数值	机械性能	数值
屈服强度	>620MPa	极限强度	>793MPa	延伸率	14%～18%
断面收缩率	50%～60%	硬度	HB227～HB247		

3. EL 级高强度抽油杆

美国 Oil Well 公司研制了 EL 级高强度抽油杆，其承载能力比 D 级抽油杆提高了 20%。适用于深井、稠油井和大排量抽油泵进行强采，具有很好的安全性、可靠性。EL 级高强度抽油杆的材料化学成分如表 1－5 所示。

表 1－5　EL 级高强度抽油杆的材料化学成分

化学成分	含量/%	化学成分	含量/%
C	0.36～0.41	S	<0.04
Mn	0.60～0.90	Ni	1.25～1.75
P	≤0.04	Cr	0.60～0.90

4. 97 型高强度抽油杆

美国 Norris 公司研制了 97 型高强度抽油杆，该抽油杆采用镍铬钼钢材料，经过正火和回火处理。适用于高载荷、有腐蚀介质的深油井抽油。目前使用的最大深度为 3962m，尚未发现超应力破坏和应力腐蚀破坏等现象。使用时非常安全可靠，具有高强度和高寿命等特点，97 型高强度抽油杆的材料化学成分如表 1－6 所示。97 型高强度抽油杆材料的机械性能如表 1－7 所示。

表 1－6　97 型高强度抽油杆的材料化学成分

化学成分	含量/%	化学成分	含量/%	化学成分	含量/%
C	0.28～0.33	S	<0.04	Ni	1.65～2.00
Mn	0.80～1.00	Si	0.16～0.30	Mo	0.20～0.30
P	≤0.035	Cr	0.80～1.00		

表 1－7　97 型高强度抽油杆材料的机械性能

机械性能	数值	机械性能	数值	机械性能	数值
屈服强度	>793MPa	极限强度	>965MPa	延伸率	>14%
断面收缩率	45%	硬度	HB185～HB311		

1.1.3　超高强度抽油杆在油田应用情况

H 级抽油杆的抗拉强度较高和疲劳寿命较长，在国外特别是在美国、加拿大等国，应用越来越普遍。早在 1971 年，就对美国的 F327P 油井进行了工况试验，使用泵径为 50.8mm 的杆式泵，泵挂深度为 2435.35m，采用 D 级抽油杆，运转 1 年后发生断裂。采用 HL 级超高强度抽油杆，杆柱总质量减小了 15%，光杆峰值载荷减小了 9%，减速箱平均功率减小了 6%。在这种情况下，抽油杆柱使用 704 天未损坏。特别是在第 249 井试验时，以前采用 D 级抽油杆，断裂次数多，1971 年 6 月 10 日开始采用 HL 级超高强度抽油杆，抽油杆载荷为 245kN，运行了 564 天未发生损坏。

早在 20 世纪 70 年代，美国和加拿大使用 EL 级超高强度抽油杆就已超过 60×10^4m，很少发生失效事故，其下泵深度已达 4408m。超高强度抽油杆更适合于稠油井和大泵强采作业。由于深井抽油、稠油开采的比例在增加，D 级抽油杆的使用寿命降低，杆柱断脱事故增加，而使用超高强度抽油杆可以显著提高使用寿命。

胜利油田东辛采油厂所属区块为小断块油田，泵挂较深，载荷较大，在使用普通D级抽油杆采油时，断杆现象时有发生。为解决这一问题，以及减少修井损失，该厂充分利用H级抽油杆抗拉强度较高、疲劳寿命较长的优势，大力推广使用H级抽油杆。使用后，大幅提高了抽油杆的耐磨性和疲劳寿命，延长了修井时间，降低了采油成本。根据2008年数据，胜利油田东辛采油厂每年使用超高强度抽油杆近 40×10^4m，基本上不再使用D级抽油杆，从胜利工程机械总厂的生产销售情况来看，HY级超高强度抽油杆已经占到销量的80%以上。在2004年南阳油田的抽油杆专项招标中，所订购的 45×10^4m 抽油杆全部为HY级超高强度抽油杆；从辽河油田和新疆地区油田的使用情况看，由于油层的含蜡量、黏稠度和凝固点很高，含砂量较高和腐蚀性介质较多，深井和斜井较多，大多都使用HY级超高强度抽油杆。

1.2 超高强度抽油杆力学特征

1.2.1 抽油杆许用应力

在第二次世界大战中，人们发现了疲劳断裂原理，于是在设计抽油杆时开始采用无限寿命疲劳设计。现在，杆柱强度计算都采用了无限寿命疲劳设计，即把抽油杆的许用应力控制在疲劳极限以下，以保证抽油杆工作循环次数大于 10^7 次，最大限度延长杆柱寿命、减少杆柱失效。美国和苏联提出了两种抽油杆许用应力计算方法。

1966年，奥金格提出了一个折算许用应力公式，如式(1-1)所示：

$$\sigma_c = \sqrt{\sigma_a \cdot \sigma_{max}} \tag{1-1}$$

后来，威尔洛夫斯基将奥金格提出的公式首次用于计算抽油杆的强度，并引入了疲劳极限应力与安全系数。经过多年发展，抽油杆折算许用应力公式如式(1-2)所示：

$$\sigma_c \leqslant [\sigma_{-1}] = \frac{\sigma_{-1}}{K} \tag{1-2}$$

1.2.2 抽油杆疲劳特征

自抽油杆在油田应用以来，国内外在抽油杆的疲劳特征方面开展了许多研究。大量的学者通过对抽油杆试样进行疲劳实验、腐蚀疲劳实验和理论研究，分析了影响抽油杆抗疲劳性能和疲劳寿命的因素，并采取了相应的措施来延长抽油杆寿命。

边勇俊、石伟等在对抽油杆断口进行宏观分析和微观分析、抽油杆化学成分及力学性能检测后认为，抽油杆表面凹凸不平的覆盖层和其中的夹杂物在循环应力和腐蚀作用下形成裂纹源。抽油杆内部严重的带状偏析、非金属夹杂物和未熔铁素体、热处理不良造成的表面和内部组织的性能差异共同作用，降低了抽油杆抗疲劳和耐腐蚀的综合性能，加之油井中腐蚀介质在抽油杆表面形成蚀坑，导致有效承载面积逐渐减小，最终使得抽油杆在不能承受工作载荷时发生突然断裂。通过分析研究抽油杆的断裂力学，测定了抽油杆的断裂韧性、疲劳裂纹扩展速率及门槛值，建立了抽油杆的表面裂纹模型和抽油杆各部位表面裂纹缺陷的应力强度因子表达式，绘制了各种缺陷的临界尺寸图线、门槛尺寸图线和剩余寿命图线。王国丽、魏嘉荃等对抽油杆材料 20CrMo 钢疲劳裂纹的扩展规律进行了实验研究，得出抽油杆材料 20CrMo 钢疲劳裂纹的平均扩展速率，同时通过可靠性分析初步判断了材料对数疲劳寿命服从正态分布。姚红星等通过研究抽油杆疲劳裂纹前缘在扩展过程中的变化规律，发现抽油杆杆体疲劳裂纹前缘在扩展时有逐步椭圆化的趋势，建立了超声波信号与抽油杆疲劳裂纹形状之间的关系。研究结果表明，应用超声波检测抽油杆疲劳裂纹是可行的，而且探伤信号与裂纹尺寸具有线性关系。同时建立了基于超声波无损检测信号的抽油杆剩余寿命估算方法。通过超声波检测信号计算含裂纹抽油杆的剩余寿命，并与实验结果进行对比，预测符合率达 80%。侯杰等根据 GH4169 合金在高温中的损伤行为现象，对其疲劳裂纹产生的微观损伤机制进行了研究，观察和分析了试样断口各个表面，给出了沿主裂纹方向裂纹数量和长度逐渐增加的结论。蹇海根等通过各种显微扫描实验对 T7451 状态 7B04 铝合金疲劳断口进行了研究，其结果表明，裂纹在萌生区呈放射状扩展，在扩展区有疲劳破坏的典型特征，在瞬断区为不光滑的粗糙表面。有学者利用表面粗糙度不同的试样进行疲劳实验，研究了粗糙度对疲劳的影响，根据疲劳强度系数和应力幅值与表面粗糙度之间的关系，得出一种新的修正寿命预测模型。林元华、张德平等完善了抽油杆的受力分析，采用 Forman 模型作为疲劳寿命预测模型，对裂纹的几何形状因子和应力强度因子进行了阐述，并编写了计算机应用程序。

1.3 杆柱设计

1.3.1 杆柱力学分析现状

国内外对杆柱力学进行了深入分析研究，在各个时期所应用的计算方法主要分为三种：简化公式计算法、API 计算法、数值模拟法。

1. 简化公式计算法

早期的杆柱设计计算将有杆抽油系统简化为抽油杆柱质量集中在底部的简谐振动系统，在此基础上发展了计算抽油杆柱载荷及有效泵冲程等的经验或半经验公式，应用简化公式可以计算抽油机悬点的最大载荷和最小载荷。简化公式只考虑了抽油杆柱自重、作用于抽油杆柱塞上的液柱载荷和液体对抽油杆柱的浮力等静载荷，在计算系统动载荷时，将抽油机悬点运动规律简化为简谐运动。简化公式计算法的特点是应用简单方便，有助于理解抽油杆柱的受力状态，其缺点是计算精度低。

2. API 计算法

1967 年 3 月，API 采油设备标准化委员会首次出版了《有杆抽油系统设计计算荐用方法》(API RP 11L)。此后又于1972年3月、1977年2月、1979年3月及1986年6月先后进行了四次修订。对77口井的实测结果对比分析表明，该方法具有较高的精度。API计算法考虑了抽油杆柱的动态特性，将抽油杆柱离散成弹簧－集中质量－阻尼器系统，弹簧用于模拟抽油杆柱的弹性，集中质量用于模拟抽油杆柱的分布质量，阻尼器用于模拟液体对抽油杆柱的黏滞阻力，然后用计算机模拟系统的动态特性。在大量的模拟实验结果基础之上，建立了一套无因次设计图表，供选择系统各单元部件及参数时使用。该方法简单易行，但由于它是在一些假设基础上得到的，特别是假设油井为直井，因此在其他井型中应用受到了限制。

3. 数值模拟法

1963年，美国Gibbs S. G. 提出了描述抽油杆柱动态特性的波动方程，该数学模型为更精确地进行抽油杆柱设计奠定了理论基础，利用该微分方程，结合抽油机的悬点运动规律和泵工况的下边界条件，可以更精确地进行抽油杆柱设计，同时可以绘制抽油杆柱任意截面处的示功图，并进行地面动态参数的预测。采用这种方法的难点在于准确地计算油管柱中的阻尼变化规律。Gibbs S. G. 同时指出，杆柱波动方程适用于组合抽油杆柱。该波动方程的提出是杆柱设计与诊断技术在理论上的一大突破。波动方程成为有杆抽油系统设计的核心，由于它的数值求解很复杂，并且受当时计算机计算速度的限制，因而在很长一段时间里，围绕波动方程的研究进展缓慢。随着定向井在石油开采中的大量应用，杆柱受力研究逐步发展到定向井、斜井、水平井中。但是，由于在定向井和斜井中抽油杆柱与油管之间存在非线性的刚体摩擦力(库仑摩擦力)，描述抽油杆柱动态特性的偏微分方程变成了非线性，因而给偏微分方程的求解带来了一定的困难。

国内对杆柱力学也进行了大量的研究。李子丰等与大庆石油管理局合作，根据动力学普遍原理，考虑井眼轨迹、抽油杆柱构成、抽油杆与油管的滑动摩擦力及油液的内摩擦力，采用微元矢量分析方法，建立了定向井抽油杆柱纵向振动的微分方程，并给出了井下动态参数诊断的定解条件，编制了计算机软件，在大庆油田采油五厂得到了成功应用。同济大学徐俊等与江苏石油勘探局合作，建立了考虑定向井抽油杆柱三维空间振动、杆管摩擦和井眼轨迹影响的斜井有杆系统数学模型，推导了杆柱运动的基本微分方程及相应的边界条件。实例计算与实测结果表明，采用垂直井分析方法分析定向井存在较大误差，当井斜角和方位角变化较大时，不宜采用二维模型计算定向井空间曲杆，且当用三维模型考虑杆管摩擦力时，应同时考虑轴向载荷的影响。中国石油大学(华东)吴晓东等对杆柱运动的动态特性进行了计算机模拟研究，模拟结果具有较高的精度，能够满足工程设计计算要求。

1.3.2 杆柱设计方法

抽油杆柱设计经历了几乎与石油工业同样长的历史。随着科学技术的进步，抽油杆柱设计方法与整个石油工业一起进入了新的发展时期，即杆柱设计比较精确和优化的阶段。

早期的油井较浅，通常单级杆就可以满足要求，后来随着井深的增大和采油技术的发展，逐渐出现了不同的设计方法。

杆柱设计发展出三种不同的设计准则，表述如下：

第一种为最轻杆柱准则，即在 n 级杆柱中，从下部向上计算，除最上一级外，以下各级抽油杆顶端面的应力均等于规定的许用应力，而最上一级抽油杆顶端面的应力不大于许用应力；用该准则设计出的抽油杆柱底部细杆较长，而上部粗杆较短，虽然重量最轻、悬点载荷最小，但安全性较差，容易发生抽油杆断裂事故。

第二种为完全等强度准则，即在 n 级杆柱中，在保证各级杆柱顶端应力小于或等于许用应力的同时，每级杆柱顶端的应力均相等；用完全等强度准则设计出的杆柱组合，虽然悬点载荷要比最轻杆柱准则大，但是更安全。

第三种为变安全系数准则，认为下部杆柱工作条件更为恶劣，受到比上部更加复杂的应力冲击，易发生失稳弯曲，因此下部各级抽油杆柱顶端的安全系数大于上部，即下部各级抽油杆柱顶端应力小于上部，从而使整个杆柱工作的可靠程度相当。

由于完全等强度准则使得杆柱各级顶端面的可靠程度相当，因而在实际当中最常用。后文会对其详细说明。在每一种设计准则下，许用应力计算均分为两种，即奥金格方法和修正 API 方法。这两种方法都是在满足强度条件的基础上使用的。其主要区别如下：两种方法所用的许用应力不同，奥金格方法用的是许用折算应力，它与抽油杆的对称疲劳极限和安全系数有关；修正 API 方法用的是许用最大应力，它是由古德曼应力图推导出来的。古德曼应力图是公认的比较符合实验结果的疲劳图，理论基础可靠。同时，由于许用最大应力考虑了油井的腐蚀流体性，因而在一定条件下更接近实际。

除此之外，还有查表法可以采用。《有杆泵抽油系统设计、施工推荐作法》(SY/T 5873—2005)附表 A 和《采油技术手册(第四分册)》第 232 ~ 235 页列出了不同泵径和抽吸参数下的各级抽油杆组合设计的比例，用泵深乘以某一级抽油杆所占比例即可得到该级抽油杆的长度。该方法主要适用于直井，因而也具有一定的局限性。

1.3.3 扶正器配置

1996 年，董世民、金仁贤等将抽油杆看作在扶正器处铰支约束的连续梁，建立了相邻扶正器间抽油杆柱弯曲变形的三角级数形式的微分方程。1997 年，覃成锦、高德利等假设在只有扶正器与油管接触的条件下，逐个假设两扶正器间的间距，并计算了扶正器处轴向力、支反力及径向变形量，通过反复试算的方式确定了三维井眼中扶正器的合理配置间距。2010 年，黄忠桥、罗雄等全面分析了三维井眼中抽油杆柱受力变形情况，计算了杆柱轴向力与法向力，以抽油杆变形量小于或等于杆管间的间隙为原则，从杆柱底部逐级计算了扶正器的安装位置，并进行了现场验证。2011 年，狄勤丰、王文昌以定向井为研究对象，采用有限元方法模拟抽油杆在实际井眼中的形态，将模拟结果中抽油杆与油管的接触点作为扶正器的安装位置，实现了扶正器间距与安装位置设计的可视化。2015 年，王文昌、白楠等分析了抽油杆柱的超长细比及井眼的非线性约束特征，以节点迭代法计算了杆柱的空间形变，用搜索迭代法设计了抽油杆柱扶正器的位置。抽油杆柱扶正器间距设计大都是以考虑扶正器后的杆柱受力计算为基础，建立杆柱弯曲时挠度计算模型，再以抽油杆形变量不大于杆管间的间隙为原则，从杆柱底部逐步向上完成间距设计。

1.4 有杆抽油系统优化设计

优化设计是通过求优化目标函数的相对最优值，确定一组最优化设计参数，因此优化设计的第一步是确定适当目标函数。在常规有杆抽油系统设计之后，设计者往往利用一些指标来分析、评价设计结果。尽管通常难以用数学表达式表示这些指标与设计参数之间的函数关系，但这些指标可被选作有杆抽油系统优化设计的目标函数。可选作目标函数的指标有很多，如何选择取决于设计者在某一时期的工作重点和实际情况。例如，如果设计者希望产液量最高或能耗效率最高，则产液量或能耗效率选择便可分别作为目标函数。如果希望同时满足产液量较高和能耗效率较高，则可将这两个指标相加或以其他的方式将它们合二为一作为目标函数。下述几种指标可被选作有杆抽油系统的目标函数。

1. 能耗效率指标

Gaber Taker 比较了一些经济指标之后，推荐下述能耗效率指标作为有杆抽油系统优化设计指标，如式(1－3)所示：

$$EI_1 = \frac{P_h}{P_r} \tag{1-3}$$

式中 P_h——水力功率，kW；

P_r——光杆功率，kW。

该指标是评价能耗效率的主要参数之一。以此作为优化设计指标所设计的抽油系统的能耗效率最高，但其光杆载荷及光杆峰值扭矩也可能较大。

2. 经济指标

A. P. Szilas 提出了一个有量纲的优化设计指标，并称之为经济指标，如式(1－4)所示：

$$EI_2 = \frac{P_h}{M_{max} \cdot P_{max} \cdot P_r^2} \tag{1-4}$$

式中 M_{max}——曲柄峰值扭矩，kN·m；

P_{max}——光杆最大载荷，kN；

P_h——水力功率，kW；

P_r——光杆功率，kW。

该指标亦可写成如式(1－5)的形式：

$$EI_2 = \frac{EI_1}{M_{max} \cdot P_{max} \cdot P_r} \tag{1-5}$$

由此可见，EI_2 既考虑了能耗，亦兼顾了光杆峰值扭矩、光杆最大载荷和光杆功率。由此得到的优化设计结果中，光杆载荷和曲柄扭矩相对较小。

3. 综合效率

许多用于评价有杆抽油系统设计的指标均可作为优化目标，以下所列为多个重要的指标：

s_p/s——泵柱塞冲程效率指标；

Q/Q_t——产液效率指标；

P_h/P_r——能耗效率指标；

$P_{max}/P_{允许}$——光杆最大载荷利用率指标；

$M_{max}/M_{允许}$——曲柄峰值扭矩利用率指标；

P_r/P_A——光杆功率利用效率指标。

其中，Q——抽油系统产液量，m^3/d；

Q_t——理论产液量，m^3/d；

$P_{允许}$——抽油机允许悬点载荷，kN；

$M_{允许}$——曲柄允许最大扭矩，kN · m；

P_A——抽油机电动机额定功率，kW。

显然，前三个指标表示泵柱塞冲程效率、产液效率、能耗效率，它们的值越大越好。而后三个指标为负荷利用率，即光杆最大载荷、曲柄峰值扭矩、光杆功率占抽油机负荷能力的比例。对于安装抽油机的井，设计时总是希望这三项指标最小。因此，按照优化设计建立目标函数的基本方法，并参考评价有杆抽油系统指标的习惯，可定义综合效率指标，如式(1－6)所示：

$$EI_3 = \frac{s_p/s + Q/Q_t + P_h/P_r}{P_{max}/P_{允许} + M_{max}/M_{允许} + P_r/P_A} \tag{1-6}$$

由于 EI_3 几乎考虑了所有主要的有杆抽油系统的评价指标，因此所得到的优化设计总体效果较好。

根据不同的要求，可以构造出很多种不同的指标作为有杆抽油系统优化设计目标函数。优化设计是通过求目标函数的最小值来确定优化设计参数的。然而，根据评价有杆抽油系统指标的习惯，评价指标最好是取最大值。因此，在将它们作为目标函数进行优化设计时，特别是在选用优化设计通用软件时，可将上述目标函数乘上负号，使之转变为取最小值为佳。

与其他设计一样，有杆抽油系统优化设计亦应满足一定的限制条件，主要有：①产液量不高于井下地质供液能力；②产液量不低于给定的最小值；③不超过抽油机的负荷能力；④不超过抽油机的冲次极限；⑤不超过抽油杆的疲劳强度；⑥不小于希望的检泵周期。其中，检泵周期与设计变量的函数关系为统计结果，往往不将其考虑在内。

第 2 章　超高强度抽油杆物理化学性质

超高强度抽油杆物理化学性质是抽油杆柱设计的基础。本章主要介绍超高强度抽油杆物理化学实验方法，包括超高强度抽油杆有关抗拉强度、硬度、冲击韧性及化学成分的实验。

2.1　拉伸实验

2.1.1　实验设备

通过实验测定 H 级抽油杆的相关力学参数值，并且绘制出拉伸曲线，为进一步研究抽油杆的力学性能做好准备。

1. 试件

按《金属材料　室温拉伸实验方法》(GB/T 228—2002)中的规定准备拉伸试件，试件从长庆油田 H 级抽油杆的供货商中抽取，共选取 2 个厂家的试件。拉伸实验共为 2 组，选用直径 19mm 的 H 级抽油杆。抽油杆型号及分组情况如表 2－1 所示。

表 2－1　抽油杆型号及分组情况

组　号	直径/mm	型　号	根　数	试　件	备　注
1	19	HL 级	1	4 杆体 +2 杆头	每组实验中有 1 根杆体备用
2	19	HL 级	1	4 杆体 +2 杆头	
合计			2	8 杆体 +4 杆头	

每组实验从同一根抽油杆(生产厂家自己检验合格后认为可以出厂的产品)上截取 4 杆体和 2 杆头，同时准备同型号接箍 1 件，抽油杆试件如图 2－1、图 2－2 所示。

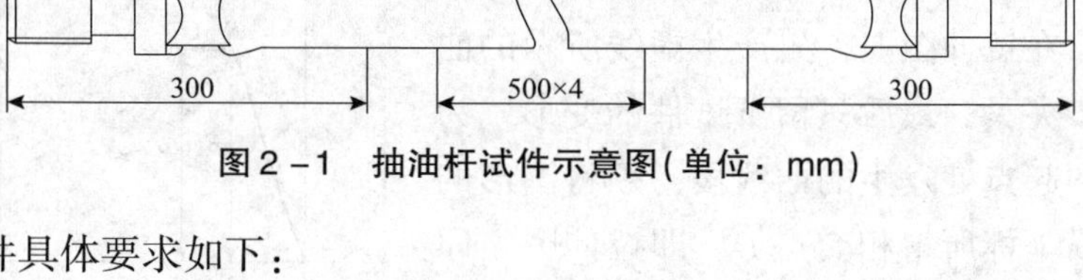

图 2－1　抽油杆试件示意图(单位：mm)

抽油杆试件具体要求如下：

(1)杆头：从杆体两端头部开始计算，两端各截取长度为 300mm 的试样 1 段，共计 2 段。

(2)杆体：从抽油杆中间杆体部分截取长度为500mm的试样4段。当从整杆上截取时，每段之间间隔不小于1000mm。

(3)样品数量：共计2件杆头和4件杆体(步骤1和步骤2从同一根成品杆上截取)，另外准备同型号接箍1件。

(4)在取样被截断后，注意将截取面处毛刺或飞边打磨光滑。

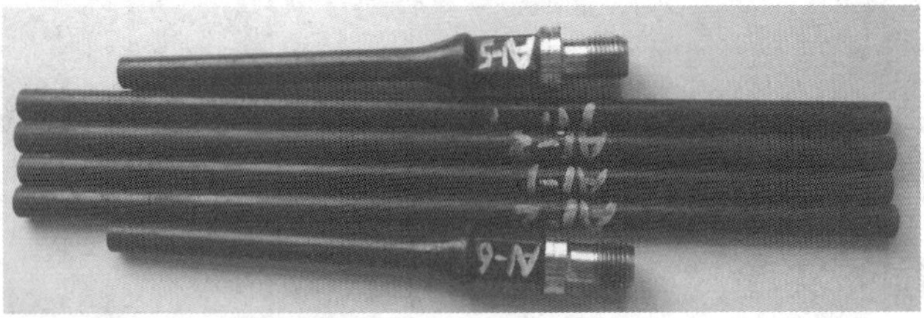

图2－2　抽油杆拉伸试样

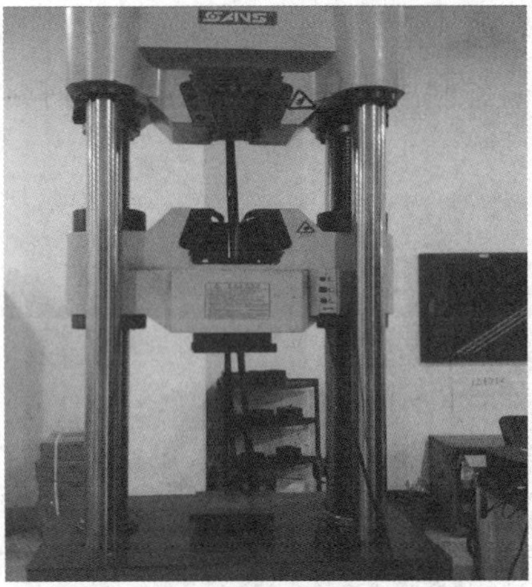

图2－3　SHT4106微机控制电液伺服万能实验机

2. SHT4106微机控制电液伺服万能实验机

采用夹板式夹头，夹头有螺纹。实验时，利用SHT4106微机控制电液伺服万能实验机的自动绘图器绘制抽油杆的拉伸图(图2－3)。

3. 游标卡尺

用来测量抽油杆直径、长度及断面直径等。

2.1.2　实验原理

H级抽油杆在拉伸力作用下的变形过程可分为弹性变形、不均匀屈服塑性变形、均匀塑性变形、不均匀集中塑性变形4个阶段。其拉伸图全面而具体地反映了整个变形过程，观察自动绘图器绘出的拉伸图，如图2－4所示。

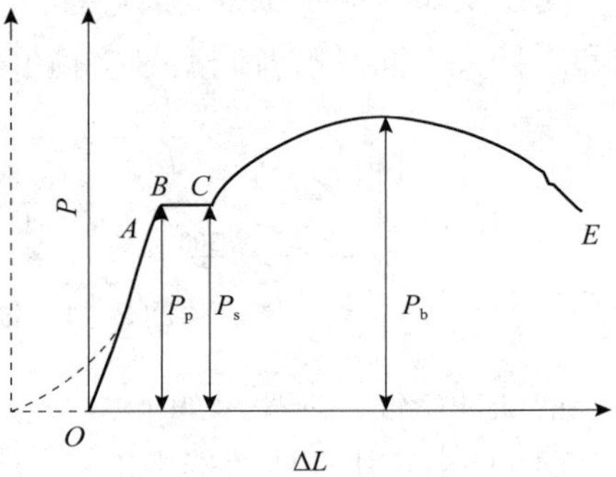

图2－4　抽油杆拉伸图

在实验之初，绘出的拉伸图是一段曲线，如图2－4中虚线所示，这是因为试件在开始变形之前机器的机件和试件与夹具之间留有空隙，所以当实验刚刚开始时，在拉伸图上首先产生虚线所示的曲线段，继而逐步夹紧，最后只留下试件的变形。为了消除在拉伸图起点处发生的曲线段，须将图形的直线段延长至横坐标所得相交点 O，即拉伸图之原点。随着载荷的增加，图形沿倾斜的直线上升，到达 A 点及 B 点。在此之前，抽油杆处于弹性变形阶段。此时，当外力取消后，抽油杆变形即可消失，并能完全恢复原来的形状。

抽油杆在弹性变形阶段，其应力和应变具有正比例关系，即符合胡克定律，其比例系数 E 为弹性模量。在拉伸时，$\sigma = E \cdot \varepsilon$。

过 B 点后，抽油杆进入屈服阶段(锯齿形的 BC 段)，开始从弹性状态向弹－塑性状态过渡，即进入塑性变形阶段，它标志着宏观塑性变形的开始。此时，当施加的外力撤除或消失后，已不能恢复原状，其形状发生了变化。当应力达到 B 点后，塑性应变急剧增加，应力、应变出现微小波动，这种现象称为屈服。这一阶段的最大应力、最小应力分别对应上屈服点和下屈服点。B 点为上屈服点，即屈服阶段中应力首次下降前的最大载荷，用 P_p 来表示。C 点为下屈服点，即测定屈服阶段中不计初始瞬时效应时的最小载荷，用 P_s 来表示。由于下屈服点的数值较为稳定，因此以它作为抽油杆抗力的指标，将其称为屈服点或屈服强度，也可称为屈服极限，是抽油杆屈服的临界应力值。在进行 H 级抽油杆设计时，屈服强度是重要的参数之一。

进一步加载试件，试件快被拉断时，其抵抗变形的能力明显降低，并在最薄弱处发生较大的塑性变形，此处试件截面迅速缩小，会出现缩颈现象，直至发生断裂破坏。

继续加载试件直至拉断，由测力度盘或拉伸图读出最大载荷 P_b，除以截面积即 H 级抽油杆抗拉强度，也称为强度极限，它是抽油杆拉伸断裂前所能承受的最大拉应力。拉断后，将两段在拉断处紧密对接起来，尽量使其轴线位于一条直线上。如拉断处形成缝隙，则此缝隙应计入该试件被拉断后的标距内，由此可量得试件标距部分被拉断后的长度 L_1。用游标卡尺测量断口处的直径，可得到断口直径 d_1。

2.1.3　实验步骤

1. 试件准备与尺寸测量

用划线机划上标距，并将试件标距等分成 10 格(图 2－5)，以便观察标距范围内沿轴向的变形情况。用游标卡尺测量试件标距部分的直径。在标距范围内选取两处，在每处两个互相垂直的方向上各测量一次，取其平均值作为该处直径。用所测得的两个平均值中的最小值计算试件的横截面积 A_0。

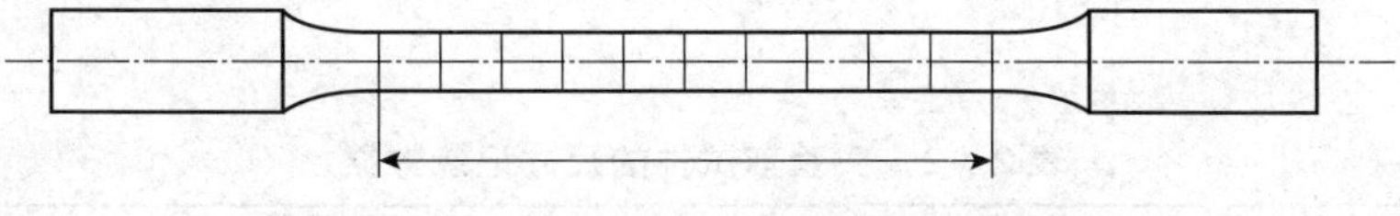

图 2－5　用划线机将试件标距 10 等分

2. 调整测力指针指零

(1)选择测力度盘。根据抽油杆的强度极限 σ_b 和横截面积 A_0 估算试件最大载荷。根据最大载荷，选择合适的测力度盘，配置好摆杆重锤，将缓冲器放在合适的位置。

(2)开机进油，使活动平台上升 10mm 左右。

(3)摆锤对中，使重摆垂直。

(4)调整测力指针对准零点，使测力指针与随动指针重合。

3. 装夹试件

先把试件夹持在实验机上的夹头内，再将下夹头移动到试件所需的夹持位置，并把试件下端夹紧。

4. 准备自动绘图器

准备好自动绘图器，使笔与记录纸刚好接触。

5. 开始实验

(1)开启实验机，缓慢匀速加载。

(2)绘出拉伸图。

(3)观察颈缩现象。当测力指针再次出现停滞不前或倒退现象时，可以观察到试件产生局部变形的颈缩现象。随之，测力指针迅速倒退，试件很快断裂。

(4)确定 P_b。试件断裂后，关闭机器电源；记录随动指针所指的刻度值，即强度极限(最大)载荷 P_b。

(5)取下试件，将拉断的试件在断口处尽量对拢，测量拉断后的标距长度 L_1 和断口直径 d_1。

注意事项：

(1)开机前和停机后，送油阀一定要置于关闭位置。加载、卸载和回油均须缓慢进行。

(2)拉伸试件被夹住后，不得再调整夹头的位置。

(3)机器开动时，操纵者不得擅自离开。实验过程中不得触动摆锤。

(4)使用时，听见异响或发生任何故障应立即停止。

(5)调整测力指针指零时，一定要开机进油，使活动平台上升少许。

(6)试件装夹必须正确，防止发生偏斜和夹入部分过短的现象。读测力度盘显示值时，测力指针所指的刻度值必须与所挂摆锤相对应。

2.1.4 实验结果及分析

每一组实验包括4杆体(1杆体备用)和2杆头，实验前试件的尺寸记录数据如表2－2所示。

表2－2 实验前试件的尺寸记录数据

组号	断裂前标距长度 L_0/mm	直径 d/mm			横截面积 A_0/mm^2	屈服力/kN	抗拉力/kN
		1	2	平均			
1	501.48	19.11	19.08	19.10	286.51	240.13	290.73
	500.99	18.90	18.99	18.95	282.03	234.96	284.16
	503.32	19.18	19.17	19.18	288.92	243.52	296.19
	580.22	19.06	19.10	19.08	285.91	236.34	288.32

续表

组　号	断裂前标距长度 L_0/mm	直径 d/mm			横截面积 A_0/mm^2	屈服力/kN	抗拉力/kN
		1	2	平均			
2	500.11	19.18	19.16	19.17	288.62	246.86	294.07
	502.01	19.02	18.98	19.00	283.52	237.95	287.79
	501.87	19.07	19.12	19.10	286.51	243.56	295.26
	581.23	19.05	19.09	19.07	285.61	245.21	294.07

实验后试件的尺寸记录数据如表 2－3 所示。

表 2－3　实验后试件的尺寸记录数据

组　号	断裂后标距长度 L_1/mm	断口（颈缩处最小直径 d_1/mm）		断口处最小横截面积 A_1/mm^2
		1	2	
1	562.32	13.34	13.45	139.76
	568.23	12.98	13.06	132.32
	568.64	12.61	12.68	124.88
	652.37	13.24	13.21	137.05
2	555.62	13.46	13.49	142.29
	572.39	13.17	13.21	136.22
	566.39	13.68	13.74	146.98
	664.32	12.88	12.94	130.29

第 1 组第 2 根试件拉伸曲线如图 2－6 所示。

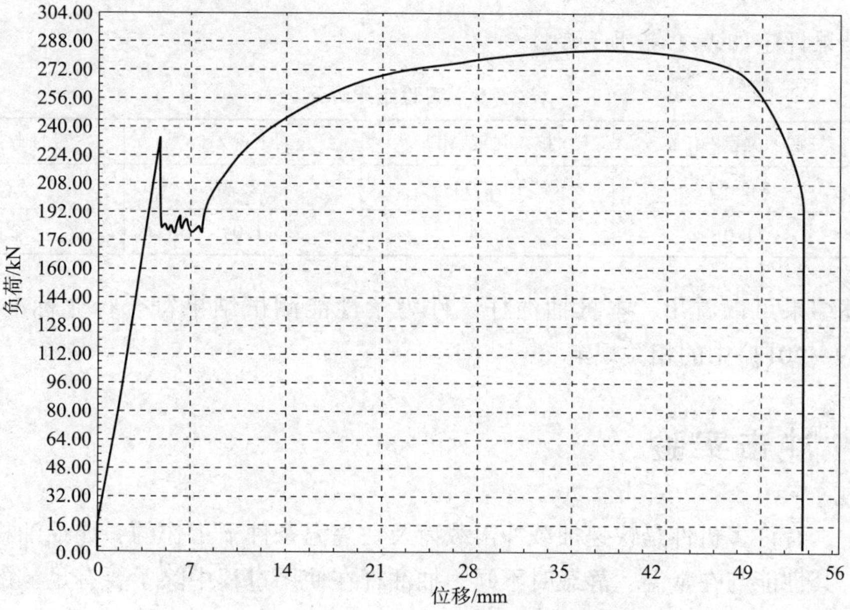

图 2－6　第 1 组第 2 根试件拉伸曲线

试件的力学参数计算如下：

强度指标：最小抗拉强度 T；屈服强度 $\sigma_s = P_s/A_0$；抗拉强度 $\sigma_b = P_b/A_0$。

塑性指标：伸长率 $\delta = \frac{L_1 - L_0}{L_0} \times 100\%$；截面收缩率 $\psi = \frac{A_1 - A_0}{A_0} \times 100\%$。

实验完成后试件拉伸结果如表 2-4 所示。

表 2-4 实验完成后试件拉伸结果

组 号	屈服强度/MPa	抗拉强度/MPa	伸长率/%	断面收缩率/%
1	838.11	1014.72	12.13	51.22
	833.10	1007.55	13.42	53.08
	842.87	1025.17	12.98	56.78
	826.62	1008.42	12.43	52.07
2	855.32	1018.89	11.09	50.70
	839.27	1015.06	14.02	51.95
	850.08	1030.53	12.86	48.70
	858.53	1029.61	14.30	54.38

实验结果以测得试样的平均结果来确定。平均值计算如式(2-1)所示：

$$\bar{X} = \frac{1}{n} \sum_{i=1}^{n} X_i \tag{2-1}$$

实验标准偏差按式(2-2)计算：

$$S_i = \sqrt{\frac{\sum_{i=1}^{n} (X_i - \bar{X})^2}{n-1}} \tag{2-2}$$

实验结果评定如表 2-5 所示。

表 2-5 实验结果评定

项 目	屈服强度/MPa	抗拉强度/MPa	伸长率/%	断面收缩率/%
平均值	842.99	1018.74	12.90	52.36
标准差	11.01	8.94	1.04	2.44

由上述结果可以看出，本批抽油杆试件力学性能测试结果符合行业标准《抽油杆》(SY/T 5029—2013)中的相关规定。

2.2 冲击实验

工程中，有许多机件是快速加载冲击载荷及在高温条件下工作的，如抽油杆在油井中的工作等，其性能与在常温、静载时不同。抽油杆在使用过程中除了要有足够的强度和塑性，还要有足够的韧性。

检查和控制材料的冶金质量和热加工质量。通过测量冲击吸收功和对冲击试样进行断口分析，揭示材料的夹渣、偏析、白点、裂纹及非金属夹杂物超标等冶金缺陷；检查过热、过烧、回火脆性等热加工缺陷。

夏比冲击实验按实验温度可分为高温、低温和常温冲击实验，按试样的缺口类型可分为V形和U形冲击实验。现行国家标准《金属材料夏比摆锤冲击试验方法》(GB/T 229—2007)将以上所涉及的实验方法统一合并在一个标准内，更加便于执行。

2.2.1　冲击实验原理

夏比冲击实验是将具有规定形状、尺寸和缺口类型的试样，放在冲击实验机的试样支座上，使之处于简支梁状态。然后用规定高度的摆锤对试样进行一次性打击，如图2－7所示，实质上就是通过能量转化，测量试样在这种冲击下折断时所吸收的功。

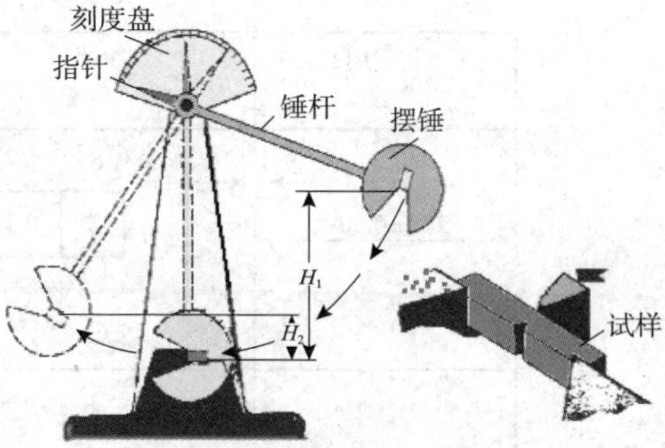

图2－7　夏比冲击实验原理

试样的冲击吸收功在实验中用摆锤冲击前后的位能差测定，如式(2－3)～式(2－5)所示：

$$A_k = A - A_1 \tag{2-3}$$

$$A = FH_1 = FL(1-\cos\alpha) \tag{2-4}$$

$$A_1 = FH_2 = FL(1-\cos\beta) \tag{2-5}$$

式中　A——摆锤起始位能，J；

A_1——摆锤打击试样后的位能，J；

α——冲击前摆锤扬起的最大角度，rad；

β——冲击后摆锤扬起的最大角度，rad。

如不考虑空气阻力及摩擦力等能量损失，则冲击试样的吸收功如式(2－6)所示：

$$A_K = F \times L(\cos\beta - \cos\alpha) \tag{2-6}$$

式中　F——摆锤的重力，N；

L——摆长(摆轴至摆锤重心之间的距离)，mm。

2.2.2　试样与实验设备

1. 冲击试样

标准夏比缺口冲击试样的结构如图2－8所示，试样如图2－9所示。

2. 冲击实验机

(1)组成和型号：摆锤式冲击实验机主要由机架、摆锤、试样支座、指示装置及摆锤释放、制动和提升机构等组成。目前国产的摆锤式冲击实验机型号有很多，如JB－30A、JB－30B、JBG－30、JBD－30、JBD－30A等，各种实验机的基本技术参数是相同的，结构形式及操作方法也基本一致，例如最大打击能量分别为300J ±10J 和150J ±10J，打击瞬间摆锤的冲击速度在5.0～5.5m/s，这些均符合GB/T 229—2007标准的要求，它们的主要区别在送样方式（手动或自动）和指示装置（表盘或数显）上（图2-10）。

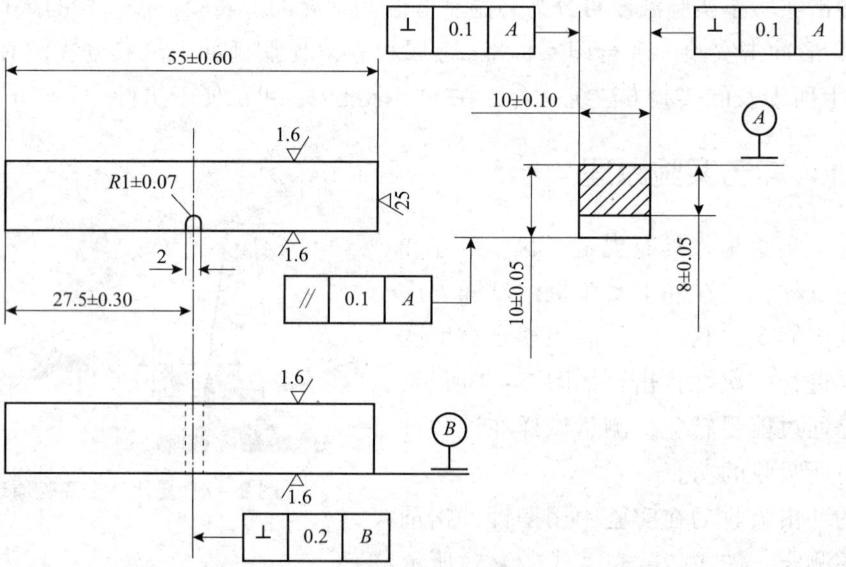

图2-8　标准夏比缺口冲击试样的结构示意图（单位：mm）

图2-9　标准夏比缺口冲击试样

图2-10　JBN-300B半自动冲击实验机

（2）安装要求：为避免其刚度下降而影响实验结果，冲击实验机应稳定、牢固地安装在厚度大于150mm的混凝土地基或质量大于摆锤质量40倍的基础上，同时实验机的试样支座及摆锤刀刃尺寸应符合规定。

（3）选用及日常检查：对于新出厂的摆锤式冲击实验机，应按照《摆锤式冲击试验机的检验》（GB 3808—2018）进行验收检查；对于日常使用的实验机，应定期按照《摆锤式冲击试验机检定规程》（JJG 145—2007）进行检定。

2.2.3　实验过程

实验前的准备工作：

(1)实验温度为10~35℃。严格时，实验温度为20℃±2℃。

(2)检查试样尺寸。

(3)选择冲击实验机。在实验机摆锤最大能量的10%~90%范围内。

(4)进行空打实验。将摆锤扬起至扬角位置，把从动针拨到最大冲击能量位置(如果使用的是数字显示装置，则应清零)，释放摆锤，读取零点附近的被动指针的示值(回零差)，回零差应不超过最小分度值的1/4(以最大量程300J为例，最小分度值为2J，1/4分度值为0.5J，其回零差应不超过0.5J)。

实验操作要点：

(1)试样的定位。将试样紧贴支座放置，并使试样缺口的背面朝向摆锤刀刃。试样缺口用专用的对中夹钳或定位规收中，使缺口对称面位于两支座对称面上，其偏差应不大于0.5mm。

(2)操作过程。将摆锤扬起至预扬角位置并锁住，把从动指针拨到最大冲击能量位置(如果使用的是数字显示装置，则应清零)，放好试样，确认摆锤摆动危险区无人后，释放摆锤使其下落打断试样，并任由其向前继续摆动，直到达到最高点并向回摆动至最低点时，使用制动闸将摆锤刹住，使其停止在垂直稳定位置，读取被动指针在刻度盘上所指的数值(数字显示装置的显示值)，此值即冲击吸收功。

(3)试样数量。由于冲击实验结果比较离散，一般对每一种材料进行实验的试样数量为不少于3个。

2.2.4 冲击实验结果处理及实验报告

1. 冲击吸收功的有效位数

冲击吸收功应至少保留2位有效数字，即冲击吸收功在100J及以上时，应是3位数字，如120J；冲击吸收功在10~100J时，应为2位数字，如75J；冲击吸收功在10J以下时，应保留小数点后1位数字，一般修约到0.5J，如7.5J，修约方法按《数值修约规则与极限数值的表示和判定》(GB/T 8170—2008)执行。这样报告的实验结果基本上能与实验测量系统的不确定度相适应，如果保留过多有效位数，则夸大了实验的测量精确度，如果有效位数不够，则增大了误差。

2. 冲击吸收功的表示方法

为了表示不同类型冲击试样的实验结果(图2-11、图2-12)，3种类型试样的冲击吸收功用如下符号表示，以示区别：

(1)V形缺口试样的冲击吸收功表示为A_{KV}。

(2)深度2mmU形缺口试样的冲击吸收功表示为A_{KU2}。

(3)深度5mmU形缺口试样的冲击吸收功表示为A_{KU5}。

除了以上3种非标准冲击试样，当报告冲击吸收功时，应将试样的缺口形状、尺寸在报告中详细注明。

图2-11　部分实验后的试样(一)

图2-12　部分实验后的试样(二)

3. 实验中几种情况的处理

(1)由于实验机打击能量不足使试样未完全折断时，应在实验数据之前加上大于符号即“>”，其他情况则应注明“未折断”。

(2)实验后试样断口有肉眼可见裂纹或缺陷时，应在实验报告中注明。

(3)实验中如出现误操作，或试样打断时有卡锤现象，此时得到的结果已不准确，因此实验结果无效，应重新补做实验。

4. 实验报告

冲击实验报告应包括以下内容：

(1)所采用的实验方法标准号。

(2)实验材料种类及标志。

(3)试样尺寸及类型。

(4)实验温度。

(5)实验机打击能量。

(6)冲击吸收功。

(7)实验日期。

2.3　硬度测量实验

金属的硬度可以认为是金属材料表面在接触应力作用时抵抗塑性变形的一种能力。硬度测量能够给出金属材料软硬程度的数量概念。硬度值越高，表明金属抵抗塑性变形的能力越强，材料产生塑性变形就越困难。另外，硬度与其他机械性能(如强度指标及塑性指标)之间有一定的内在联系。所以，从某种意义上讲，硬度的大小对于机械零件或工具的使用性能及寿命具有决定性意义。

2.3.1　布氏硬度实验原理

布氏硬度实验是施加一定大小的载荷 P，将直径为 D 的钢球压入被测金属表面(图2-13)，并保持一定时间，然后卸除载荷，根据钢球在金属表面上所压出的凹痕面积 $F_{凹}$ 求出平均应力值，以此作为硬度值的计量指标，并用符号 HB 表示。

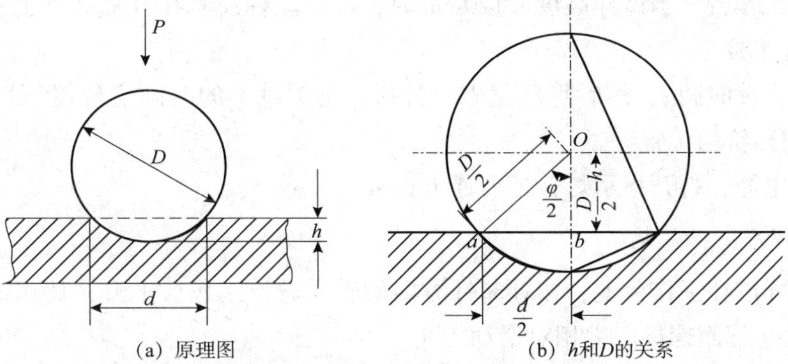

(a) 原理图　　(b) h和D的关系

图2－13　布氏硬度实验原理

2.3.2　布氏硬度实验设备

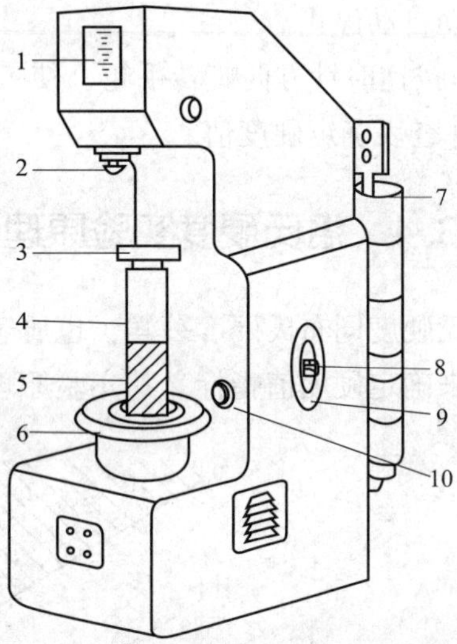

图2－14　HB－3000型布氏硬度实验机外形结构

1—指示灯；2—压头；3—工作台；4—立柱；5—丝杠；6—手轮；7—载荷砝码；8—压紧螺钉；9—时间定位器；10—加载按钮

HB－3000型布氏硬度实验机的外形结构如图2－14所示。其主要部件及作用如下：

(1)机体与工作台：布氏硬度实验机为铸铁机体，在机体前台面上安装了丝杠座，其中装有丝杠，丝杠上装有立柱和工作台，可上下移动。

(2)杠杆机构：杠杆系统通过电动机可将载荷自动加在试样上。

(3)压轴部分：用以保证工作时试样与压头中心对准。

(4)减速器部分：带动曲柄及曲柄连杆，在电机转动及反转时，将载荷加到压轴上或从压轴上卸除。

(5)换向开关系统：是控制电机回转方向的装置，使加载荷、卸载荷自动进行。

实验试样尺寸和要求：φ(19、22)×30mm，从抗拉强度实验的同一根样杆上取样制作，φ(19、22)方向上保持抽油杆原有状态，不用加工，上、下两端面用磨床磨光，表面光洁度 Ra 为0.8μm，同时保证和抽油杆轴线具有一定的垂直度。

2.3.3　布氏硬度实验步骤

1. 操作前的准备工作

(1)选择压头，将压头擦拭干净，装入主轴衬套中。

(2)选定载荷，加上相应的砝码。

(3)安装工作台。当试样高度 <120mm 时，应将立柱安装在升降螺杆上，然后安装好工作台，进行实验。

(4)确定持续时间 t，然后将压紧螺钉拧松，把圆盘上的时间定位器(红色指示点)转到与持续时间相符的位置上。

(5)接通电源，打开指示灯，证明通电正常。

2. 操作程序

(1)将试样放在工作台上，按顺时针方向旋转手轮，工作台上升，使压头压向试样表面，直到手轮与下面螺母产生相对滑动为止。

(2)按动加载按钮，启动电动机，开始加载荷。此时，因压紧螺钉已拧松，圆盘并不转动，当红色指示灯闪亮时，迅速拧紧压紧螺钉，使圆盘转动。在达到所要求的持续时间后，转动自动停止。

(3)按逆时针方向旋转手轮，使工作台下降。取下试样，用读数显微镜测量压痕直径 d 值，并查表确定硬度值。

2.3.4 洛氏硬度实验原理

洛氏硬度同布氏硬度一样，也属于压入硬度法，但它不是测定压痕面积，而是根据压痕深度来确定硬度值指标。其实验原理如图 2-15 所示。

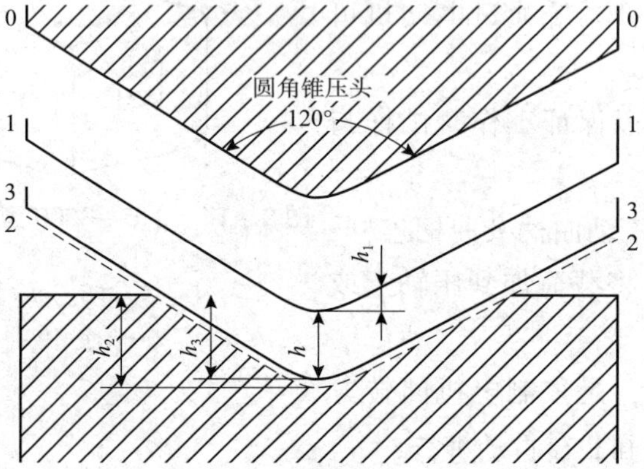

图 2-15 洛氏硬度实验原理

洛氏硬度实验所用压头有两种：一种是顶角为 120°的金刚石圆锥；另一种是直径为 1/16in(1.588mm)的淬火钢球。根据金属材料软硬程度不同，可将不同的压头和载荷配合使用，最常用的是 HRA、HRB 和 HRC。

2.3.5 洛氏硬度实验设备

H-100 型杠杆式洛氏硬度实验机的结构如图 2-16 所示。其主要部件及作用如下：

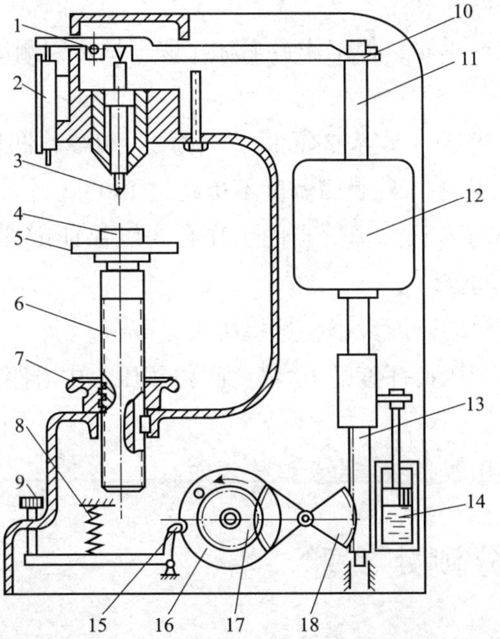

图2－16　H－100型杠杆式洛氏硬度实验机结构

1—支点；2—指示器；3—压头；4—试样；5—试样台；6—螺杆；7—手轮；8—弹簧；9—按钮；10—杠杆；11—纵杆；12—重锤；13—齿轮；14—油压缓冲器；15—插销；16—转盘；17—小齿轮；18—扇形齿轮

(1)机体及工作台：洛氏硬度实验机为铸铁机体，在机体前面安装有不同形状的工作台，通过手轮的转动，借助螺杆的上下移动使工作台上升或下降。

(2)加载机构：由加载杠杆(横杆)及挂重架(纵杆)等组成，通过杠杆系统将载荷传至压头压入试样，借助扇形齿轮的转动可完成加载荷和卸载荷任务。

(3)千分表指示盘：通过刻度盘指示各种不同的硬度值(图2－17)。

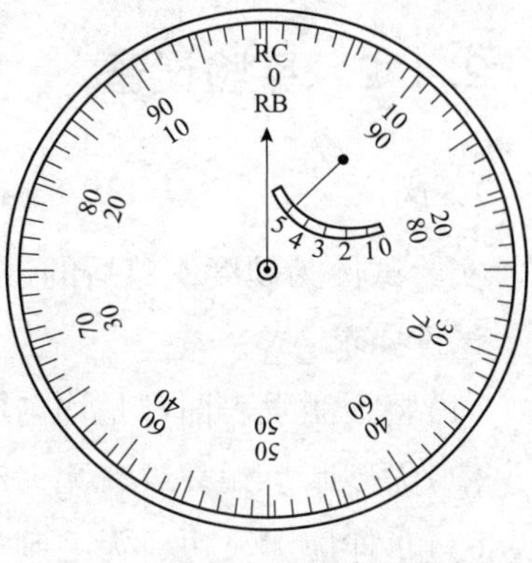

图2－17　洛氏硬度刻度盘

2.3.6　洛氏硬度实验步骤

(1)根据试样预期硬度确定压头和载荷，并装入试样机。

(2)将试样置于工作台上，按顺时针方向旋转手轮，使试样与压头缓慢接触，直到表盘小指针指在“3”或“小红点”处，此时即已预加载荷10kgf。将表盘大指针调整至零点(HRA、HRC零点为0，HRB零点为30)，如果稍差一些，可转动读数盘调整并对准。

(3)向前拉动右侧下方水平方向的手柄，施加主载荷。

(4)当指示器指针停稳后，将右后方弧形手柄向后推，卸除主载荷。

(5)读数。当采用金刚石压头(HRA、HRC)时，读外圈黑字；当采用钢球压头(HRB)

时，读内圈红字。

(6)按逆时针方向旋转手轮，使工作台下降，取下试样，测试完毕。

注意事项：

(1)试样表面须平整光洁，不得带有油、氧化皮、裂缝、凹坑等。可用细砂轮或砂纸将工件表面磨平，磨制过程中工件表面温度不得超过150℃。

(2)根据工件的大小与形状选择适当的工作台，以保证试件能平稳安放在工作台上，并使被测表面与压头保持垂直。

(3)根据被测金属材料的硬度大小，选择压头、载荷。

(4)试样厚度应不小于压痕深度的10倍。两相邻压痕中心距离及压痕中心至试样边缘的距离应不小于3mm。

(5)加载时，力的作用线必须垂直于试样表面。

2.4 化学成分测定实验

2.4.1 实验目的

通过实验测定H级抽油杆的化学成分，定性、定量分析其元素组成。

2.4.2 实验设备

1. 试件

实验试件为硬度实验后的试件。

试件要求：

(1)整个激发表面都是均匀的。

(2)无砂眼、无裂纹、无夹渣和无水纹。

(3)车样应无飞边、无毛刺。

(4)样品背面应无锈皮、无油污。

(5)样品表面不要被污染。

(6)样品必须写明牌号和批号，以免混淆。

(7)样品几何尺寸要适合激发的情况。

2. MAXxLMF15 直读光谱仪

光电直读光谱仪为发射光谱仪，主要是通过测量样品被激发时发出代表各元素的特征光谱(发射光谱)光的强度而对样品进行定量分析的仪器。

MAXxLMF15直读光谱仪，基本可按照功能分为4个模块，即：

(1)激发系统：通过各种方式使固态样品充分原子化，并放出各元素的发射光谱光。

(2)光学系统：对激发系统产生的复杂光信号进行处理(整理、分离、筛选、捕捉)。

(3)测控系统：测量代表各元素的特征谱线强度，利用各种手段，将特征谱线的光强信号转化为电脑能够识别的数字电信号。同时，控制整个仪器正常运转。

(4)计算机中的软件数据处理系统：对电脑接收到的各通道的光强数据进行各种算法运算，得到稳定、准确的样品含量。

2.4.3　实验原理

物质由分子或原子组成，且物质都有其属性，利用属性可以区别不同的物质。由于物质的组成不同，在一定条件下物质能发射其特征光谱，该元素发射的光谱谱线强度与其含量成正比。我们就是利用光谱的这个属性来测定物质的组成的。

由于光具有波动性，所以光的一个标志是它的波长。不同颜色的光表明它们的波长不同。由短波的紫光到长波的红光组成全部可见光。按照波长不同分开排列的一系列光就组成所谓的光谱。广义而言，可用于分析工作的光谱的范围包括更大电磁波的范围，波长范围为 $10^{-10}\sim10$cm。但发射光谱分析工作的光谱范围只是紫外光域的一部分，波长为 1600 ~8500Å(可见光域的波长范围为 4000 ~ 7000Å)。物质能发射光谱，且物质对光有吸收、散射等作用，这些现象都可以用于物质的测定。这里所讨论的仅限于发射光谱分析，或者更严谨一些，应称作发射光谱化学分析，我们称之为光谱分析。

物质发射的光谱有三种，包括线状光谱、带状光谱及连续光谱。线状光谱由原子或离子被激发而发射，因此只有当物质在离解成原子或离子时(一般在气态或高温下)才发射线状光谱。带状光谱由分子被激发而发射，而连续光谱由炙热的固体或液体发射。通常在进行光谱分析所用的激发光源火焰、电弧或电火花的作用下，被分析的物质处在高温的气态下，一般都离解为原子或离子，因而被激发后发射的是线状光谱。所以，光谱分析利用的是线状光谱中的谱线，并且所得结果只包含组成元素的种类及含量，而不显示物质的分子结构。每一种元素的原子被激发后，均可以产生一组特征光谱，而特征光谱的出现就能证明此种元素在辐射源中存在。当原子或离子被激发产生十几万条光谱的谱线时，就可以测定它们的波长。由于测定波长能达到很高的准确度，因此光谱中的大部分谱线都可以被准确无误地确定出由哪一种元素产生。综上所述，光源定性分析(光谱分析)是很可靠的办法，其灵敏、快速又简单。元素周期表上的约 70 种元素，都可以用光谱分析方法较容易地定性测定。

一般当试样中某一元素的含量不太高时，该元素发射的光谱谱线强度和它的含量具有正比关系。这个关系成为光谱定量分析的基础，并使光谱定量分析成为非常方便的方法。凡是通过光谱定性分析测得的元素，一般都可以做光谱定量分析。光谱定量分析用较少的试样即可进行。

发射光谱仪测元素含量原理：利用氩在等离子状态下产生的高温分解样品形成激发态

的原子和离子。由于激发态的原子和离子不稳定，外层电子会从激发态向原子基态跃迁并发射出特征谱线。这些光经光学系统通过入射狭缝进入光谱仪并照射在光栅上，光栅对光产生色散，使之按波长的大小分解成光谱线，所需波长的光通过出射狭缝照射在光电转换器上，光电转换器将光信号转换成电信号，经激发放大后通过输出装置与标准电信号进行比较，从而实现定量分析。

2.5 H级抽油杆物理化学性能

根据行业标准《抽油杆》(SY/T 5029—2013)规定，钢制抽油杆材料及力学性能如表2－6所示。

表2－6 钢制抽油杆材料及力学性能

等级	材料	抗拉强度 R_m/MPa(lb/in^2)	屈服强度 R_{el}(0.2%残余变形)/MPa(lb/in^2)	伸长率 A(200mm)/%	断面收缩率 Z/%	表面硬度HRC	心部硬度HB
C级	优质碳素钢[a]或合金钢[b]	620～795(90000～115000)	≥415(60000)	≥13	≥50	—	—
K级	合金钢[b]	620～795(90000～115000)	≥415(60000)	≥13	≥60	—	—
D级	优质碳素钢[a]或合金钢[b]	795～965(115000～140000)	≥590(85000)	≥10	≥50	—	—
HL级	合金钢[b]	965～1195(140000～173339)	≥795(115000)	≥10	≥45	—	—
HY级	合金钢[b]	965～1195(140000～173339)	—	—	—	≥42	≥224

注：在下屈服强度无法测出时，应考虑加工成标准试样并安装引伸计进行测量。

a 一般采用优质碳素钢制造，经有效热处理后可达到本表规定的力学性能。

b 一般采用铬钼钢制造，经有效热处理后可达到本表规定的力学性能。

钢制抽油杆冲击韧性标准如表2－7所示。

表2－7 钢制抽油杆冲击韧性

等级	C级	K级	D级	KD级	HL级
艾氏冲击功(Z形)/J	≥80	≥115	≥60	≥60	≥60
夏比冲击功(U形)/J	≥70	≥70	≥60	≥60	≥60

根据文献《超高强度抽油杆用非调质贝氏体钢摩擦焊接头的力学性能》，非调质H级

抽油杆用钢化学成分如表 2－8 所示。

表 2－8 非调质 H 级抽油杆用钢化学成分

元素名称	C	Mn	Si	P	Cr	Ni	S	Mo	V	Ti	Cu
含量/%	0.120～0.220	1.900～2.400	0.500～1.500	<0.025	0.500～0.900	<0.300	<0.025	0.150～0.300	0.050～0.200	0.005～0.030	<0.200

通过对 H 级抽油杆做理化性能实验，并与上述标准进行对比，可以了解该批 H 级抽油杆是否符合行业标准，是否达到标准中的相关要求。

第 3 章　超高强度抽油杆疲劳性能实验

在足够大的交变应力作用下，抽油杆外形突变、表面刻痕或内部缺陷等，都可能使抽油杆因较大的应力集中而产生微观裂纹。分散的微观裂纹经过集结沟通可以形成宏观裂纹。已形成的宏观裂纹逐渐地扩展，抽油杆横截面逐步地削弱，当达到一定限度时，会突然断裂。这种因交变应力引起的失效现象即抽油杆的疲劳。疲劳断口（图 3－1）明显地分为两个区域：较为光滑的疲劳裂纹扩展区和较为粗糙的断裂区。裂纹形成后，交变应力使裂纹的两侧时而张开、时而闭合，相互挤压、反复研磨，光滑区就是这样形成的。载荷的间断和大小的变化，在光滑区留下多条裂纹前沿线。粗糙的断裂区，则是由于突然断裂形成的。统计数据表明，抽油杆的失效中约有 70% 是由疲劳引起的。因此，通过实验研究抽油杆抗疲劳的性能是有实际意义的。

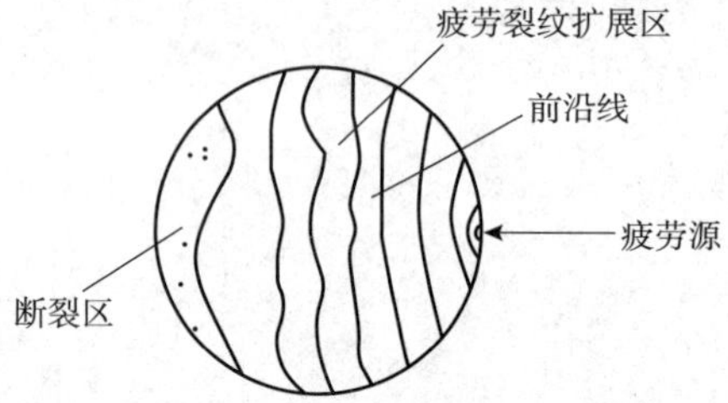

图 3－1　疲劳断口示意图

3.1　实验设计

3.1.1　实验目的

抽油杆在使用过程中承受周期性变化的交变载荷，抽油杆失效多为疲劳失效，疲劳寿命是衡量抽油杆质量的重要指标。通过 H 级抽油杆的疲劳实验，检测其疲劳性能，可以计算疲劳极限。

3.1.2　实验设备

1. 试件

疲劳实验试件的规格与尺寸严格按照行业标准《抽油杆》（SY/T 5029—2013）中的规定来确定，并选取某厂家的产品做实验。共做 3 组实验，每组 10 根试件，试件规格与数量如表 3－1 所示。

表3-1　疲劳实验试件规格与数量

组　号	直径/mm	等　级	根数/根	应力水平/MPa
1	19	HL级	10	500
2	19	HL级	10	540
3	19	HL级	10	600

疲劳实验中抽油杆试件要求为Ⅰ型试样，锻造如图3-2所示的抽油杆短杆，长度为500mm±50mm，短杆尽量做短。按图制作试件时，其制造工艺和批量生产工艺一致(图3-3)。

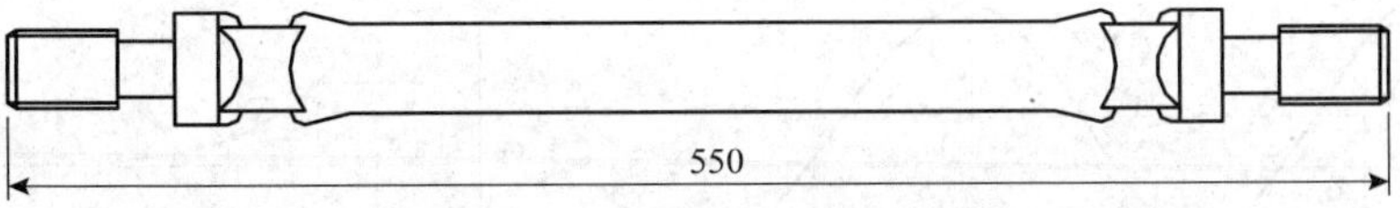

图3-2　疲劳实验抽油杆试件示意图(单位：mm)

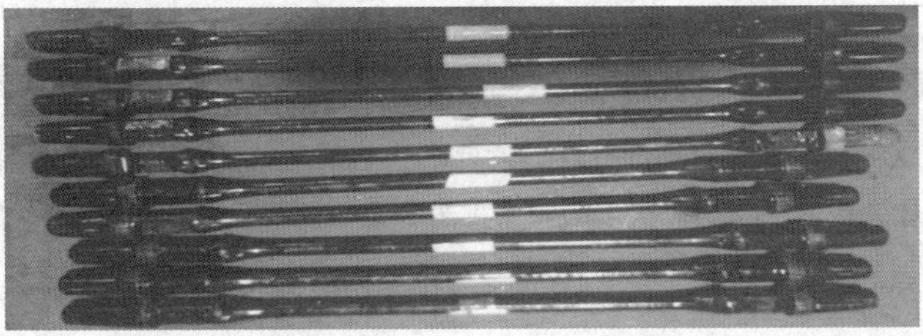

图3-3　疲劳实验抽油杆试件

2. PLG-300C电磁谐振高频疲劳实验机

疲劳实验机有机械传动、液压传动、电磁谐振及近年来发展起来的电液伺服等类型，本实验所用设备为PLG-300C电磁谐振高频疲劳实验机(图3-4)。

3. 游标卡尺

测量试件直径等。

3.1.3　实验原理

在交变应力的应力循环中，规定拉应力取正号，压应力取负号，则最小应力和最大应力的比值($R=\sigma_{min}/\sigma_{max}$)表示交变应力的“不对称系数”，通常称为应力比。最大应力与最小应力的平均值称为平均应力，记为σ_m。最大应力与最小应力之差的一半称为应力幅，记为σ_a，它表示交变应力的波动幅

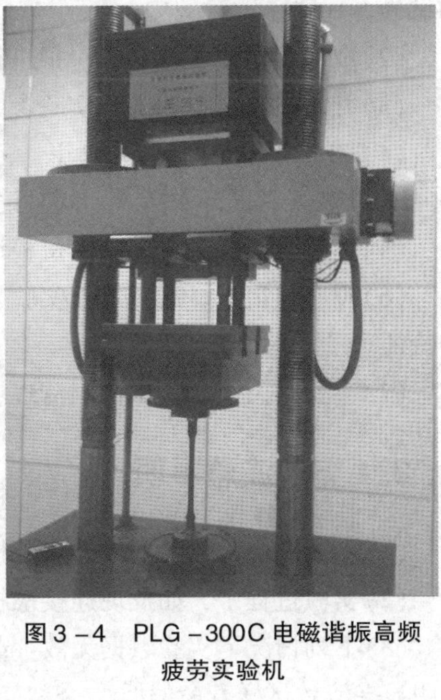

图3-4　PLG-300C电磁谐振高频疲劳实验机

度大小。交变应力如图 3－5 所示。

在既定的应力比下，若试样的最大应力为 σ_{max}，经历 N_1 次循环后，发生疲劳失效，则 N_1 称为最大应力为 σ_{max} 时的疲劳寿命(简称寿命)。大量实践表明，在同一应力比下，最大应力越大，则寿命越短；随着最大应力的降低，寿命迅速增加。在各种不同的应力水平下进行疲劳实验，测得的最大应力与破坏发生时的循环次数之间的关系曲线，称为 $S-N$ 曲线，如图 3－6 所示。从图中看出，当应力降到某一极限值 σ_R 时，$S-N$ 曲线趋近于水平线。即应力不超过 σ_R 时，寿命 N 可无限增大。σ_R 称为疲劳极限或持久极限，下标 R 表示应力比。

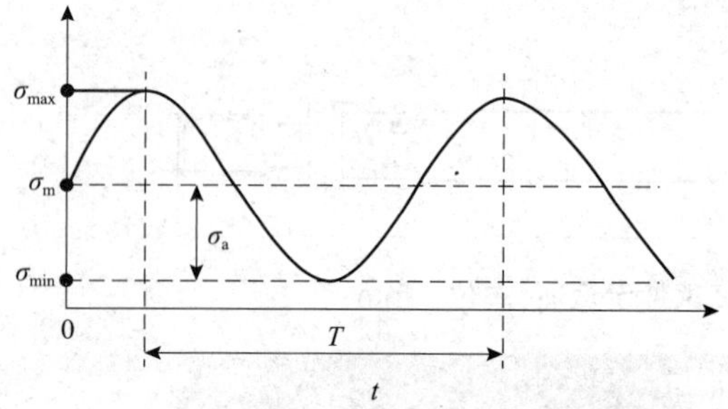

图 3－5　交变应力示意图

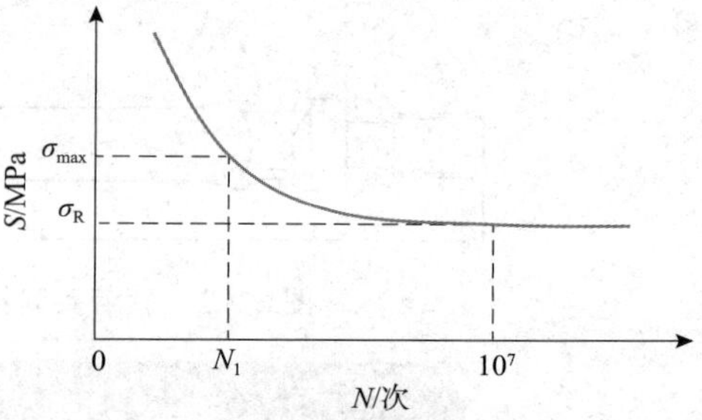

图 3－6　$S-N$ 曲线

在工程问题中，可根据对抽油杆寿命的要求，将规定的某一循环次数(通常为 10^7 次)下的 σ_{max} 称为疲劳极限。将 10^6 次下的 σ_{max} 称为疲劳强度，但它有别于疲劳极限。

3.1.4　实验步骤

(1)领取实验所需试样，用游标卡尺测量试件的原始尺寸。不能使用表面有加工瑕疵的试样。

(2)取一组试样，取其中一根进行安装，使试样与实验机主轴保持良好的同轴性。

(3)开启机器，设置各项实验参数。

(4)加载频率在 150Hz 以下，正弦波、载荷比为 0.1 的拉－拉载荷，实验应力为 500MPa。观察其循环次数 N，同时记录其断口部位。

(5)继续对试样进行实验。每根试样做到断裂为止，记录下每根试样的循环次数。

(6)观察与记录。逐级进行实验，记录每个试样断裂的循环次数，同时观察断口位置和特征。

(7)实验结束，取下试件。清理场地，实验机一切机构均要复原。

3.1.5　注意事项

(1)未装试样前，禁止启动实验机，以免连轴节被甩出。

(2)实验过程中，如发现连接螺杆松动，应立即停机重新安装。

(3)下列情况下实验数据无效：载荷过高致试样弯曲变形过大，造成中途停机；断口有明显夹渣致试样寿命偏低。

3.2 实验结果及分析

3.2.1 实验结果

实验结果如表3－2所示。

表3－2 HL级抽油杆疲劳实验结果

直径/mm	最大应力/MPa	最小应力/MPa	应力比	疲劳寿命/次
19.24	500	50	0.1	3.263×10^6
19.08	500	50	0.1	3.648×10^6
19.14	500	50	0.1	3.988×10^6
19.24	500	50	0.1	4.032×10^6
19.22	500	50	0.1	4.138×10^6
19.08	500	50	0.1	4.212×10^6
19.17	500	50	0.1	4.365×10^6
19.02	500	50	0.1	4.408×10^6
19.08	500	50	0.1	4.708×10^6
19.16	500	50	0.1	5.108×10^6

3.2.2 数据的有效性筛选

在一组数据中，如果个别数据偏离平均值很远，那么这个(些)数据称为“可疑值”，如果用统计方法进行判断，可将“可疑值”从此组测量数据中剔除而不参与实验数据处理，那么该“可疑值”就称作“异常值(粗大误差)”。检验“可疑值”是否为“异常值(粗大误差)”的方法就称为数据的有效性筛选。

1. 判定依据

数据的有效性筛选方法有很多，本书采取比较常用的格拉布斯(Grubbs)检验法。

对于实验数据 x_1，x_2，…，x_n，计算统计量 $G_n=(x_i-\bar{x})/s$ 的绝对值。

其中，x_i 为第 i 个实验数据值，$\bar{x}$ 和 s 分别为样本均值和样本标准差，如式(3－1)、式(3－2)所示：

$$\bar{x}=(x_1+x_2+\cdots+x_n)/n \tag{3-1}$$

$$s=\left[\frac{1}{n-1}\left(\sum_{i=1}^{n}x_i^2-n\bar{x}^2\right)\right]^{1/2} \tag{3-2}$$

由于 $x_i-\bar{x}$ 是残差，s 是标准差，因而可认为 G_n 是残差与标准差的比值。接下来，要把计算得到的统计量 G_n 值与格拉布斯表中给出的临界值进行比较，如果计算的值大于表中的临界值，则判断该测量数据为异常值，可以剔除，否则就是正常值。需要注意的是，临界值与两个参数有关，即与检验水平 α(与置信概率 P 有关)和测量次数 n 有关。

2. 检验步骤

检验步骤如下：

(1)检验水平 α 的确定：如果要求严格，检验水平 α 可以取小一些，例如取 $\alpha=0.01$，那么置信概率 $P=1-\alpha=0.99$；如果要求不严格，检验水平 α 可以取大一些，例如取 $\alpha=0.10$，那么置信概率 $P=1-\alpha=0.90$；通常情况下，取 $\alpha=0.05$，那么置信概率 $P=1-\alpha=0.95$。

(2)格拉布斯临界值的确定：根据选定的置信概率 P 和测量次数 n，查格拉布斯临界值表，横竖相交可得临界值 $G_P(n)$。

(3)判断是否为异常值：比较计算统计量 G_n 值和临界值 $G_P(n)$ 的大小，若 $G_n>G_P(n)$，则可判断其为异常值，将它从测量数据中剔除。

(4)余下数据的考量：将余下的数据再按以上步骤计算，如果 $G_n>G_P(n)$，则可判断其为异常值，将它从测量数据中剔除；如果 $G_n \leqslant G_P(n)$，不是异常值，则不剔除。

格拉布斯临界值如表 3-3 所示。

表 3-3　格拉布斯临界值

n \ P	90.00%	95.00%	97.50%	99.00%	99.50%
3	1.148	1.153	1.155	1.155	1.155
4	1.425	1.463	1.481	1.492	1.496
5	1.602	1.672	1.715	1.749	1.764
6	1.729	1.822	1.887	1.944	1.973
7	1.828	1.938	2.020	2.097	2.139
8	1.909	2.032	2.126	2.22	2.274
9	1.977	2.110	2.215	2.323	2.387
10	2.036	2.176	2.290	2.410	2.482
11	2.088	2.234	2.355	2.485	2.564
12	2.134	2.285	2.412	2.550	2.636
13	2.175	2.331	2.462	2.607	2.699
14	2.213	2.371	2.507	2.659	2.755
15	2.247	2.409	2.549	2.705	2.806

3. 数据筛选

对 HL 级抽油杆实验数据结果进行筛选，实验采用 10 组数据，置信概率取 95%，得出格拉布斯临界值 $G_{0.95}(10)=2.176$。首先计算第 1 组(应力水平为 500MPa)的疲劳寿命数据，计算数据的残差、标准差及格拉布斯数据如表 3-4 所示。

表 3－4　第 1 组数据格拉布斯值

x_i	3.263×10^6	3.648×10^6	3.988×10^6	4.032×10^6	4.138×10^6	4.212×10^6	4.365×10^6	4.408×10^6	4.708×10^6	5.108×10^6
$\bar{x}$	4.187×10^6									
$x_i-\bar{x}$	-0.924×10^6	-0.539×10^6	-0.199×10^6	-0.155×10^6	-0.049×10^6	0.025×10^6	0.178×10^6	0.221×10^6	0.521×10^6	0.921×10^6
s	0.518×10^6									
G_n	1.784	1.041	0.384	0.299	0.095	0.048	0.344	0.427	1.006	1.778

由表 3－4 计算得知，所有 G_n 都小于格拉布斯临界值，因此该组数据全部为有效数据。

第 2 组的疲劳寿命数据的残差、标准差及格拉布斯数据如表 3－5 所示。

表 3－5　第 2 组数据格拉布斯值

x_i	1.035×10^6	1.088×10^6	1.132×10^6	1.177×10^6	1.183×10^6	1.197×10^6	1.228×10^6	1.276×10^6	1.318×10^6	1.436×10^6
$\bar{x}$	1.207×10^6									
$x_i-\bar{x}$	-0.172×10^6	-0.119×10^6	-0.075×10^6	-0.030×10^6	-0.024×10^6	-0.010×10^6	0.021×10^6	0.069×10^6	0.111×10^6	0.229×10^6
s	0.116×10^6									
G_n	1.483	1.026	0.647	0.259	0.207	0.086	0.181	0.595	0.957	1.974

同理，由表 3－5 计算得知，所有 G_n 都小于格拉布斯临界值，因此该组数据全部为有效数据。

第 3 组的疲劳寿命数据的残差、标准差及格拉布斯数据如表 3－6 所示。

表 3－6　第 3 组数据格拉布斯值

x_i	0.118×10^6	0.192×10^6	0.218×10^6	0.229×10^6	0.230×10^6	0.233×10^6	0.258×10^6	0.308×10^6	0.375×10^6	0.448×10^6
$\bar{x}$	0.261×10^6									
$x_i-\bar{x}$	-0.143×10^6	-0.069×10^6	-0.043×10^6	-0.032×10^6	-0.031×10^6	-0.028×10^6	-0.003×10^6	0.047×10^6	0.114×10^6	0.187×10^6
s	0.094×10^6									
G_n	1.521	0.734	0.457	0.340	0.330	0.298	0.032	0.500	1.213	1.989

同理，由表 3－6 计算得知，所有 G_n 都小于格拉布斯临界值，因此该组数据全部为有效数据。

3.2.3　正态分布检验

1. K－S 检验法

K－S(Kolmogorov－Smirnov)检验法，是检验单一样本是否来自某一特定分布的方法，是一种拟合优度性检验(图 3－7)。它的检验原理是将样本数据的累积频数分布与特定理论分布(如正态分布、均匀分布、泊松分布及

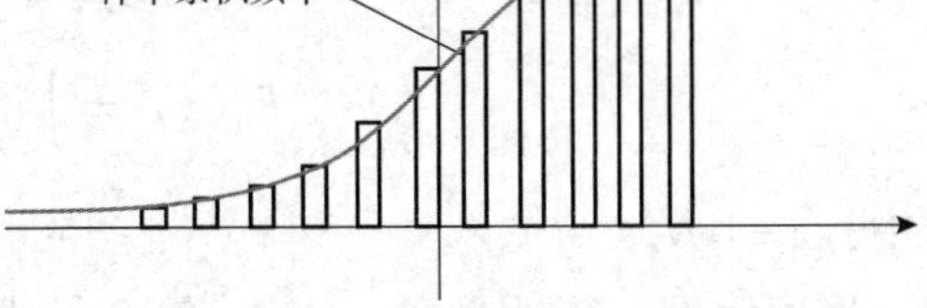

图 3－7　K－S 检验示意图

指数分布等）相比较，确定两者之间的符合程度，若两者的差距很小，且落在了所要求对应的置信区间内，则确定该样本取自某特定分布族。这种检验方法可以判断样本的观察结果是否来自具有该理论分布的总体。

假设检验问题：

H_0：样本来自的总体分布服从某特定分布；

H_1：样本来自的总体分布不服从某特定分布。

$F_0(x)$表示理论分布的分布函数，$F_n(x)$表示一组随机样本的累积频率函数。设$F_n(x)$是一个阶梯单调非降函数，则如式(3－3)所示：

$$F_n(x)=\begin{cases}0 & x<x_1\\ f_i/n & x_1\leqslant x<x_n\\ 1 & x\geqslant x_n\end{cases} \tag{3-3}$$

式中　$x_1\leqslant x_2\leqslant\cdots\leqslant x_n$——样本的顺序统计量；

f_i——样本在包含 x_i 的固定区间长度上累积出现的次数；

n——总次数。

设D为$F_0(x)$与$F_n(x)$差距的最大值，定义如式(3－4)所示：

$$D=\max|F_n(x)-F_0(x)| \tag{3-4}$$

结论：若实际观测到$D>D(n,\ \alpha)$［$D(n,\ \alpha)$为显著水平为α，样本容量为n时，D的拒绝临界值，可由文献查得］，则拒绝H_0假设；反之则接受H_0假设(表3－7)。

表3－7　K－S检验临界值表

n \ α	0.40	0.20	0.10	0.05	0.04	0.01
5	0.369	0.447	0.509	0.562	0.580	0.667
10	0.268	0.322	0.368	0.409	0.422	0.487
20	0.192	0.232	0.264	0.294	0.304	0.352
>20	$0.87/\sqrt{n}$	$1.07/\sqrt{n}$	$1.22/\sqrt{n}$	$1.36/\sqrt{n}$	$1.37/\sqrt{n}$	$1.63/\sqrt{n}$

2. 数据检验

由于3组数据的处理过程和方法是相同的，所以以第1组数据(应力水平为500MPa的疲劳寿命)为例进行处理。因后文需要对对数疲劳寿命进行拟合，因此需要验证对数疲劳寿命是否符合正态分布。首先，假设在各应力水平下试样的对数疲劳寿命符合正态分布，则得到式(3－5)、式(3－6)：

$$H_0:\ F(x)=F_0(x) \tag{3-5}$$

$$F_0(x)=\int_{-\infty}^{x}\frac{1}{\sqrt{2\pi}\sigma}e^{-\left(\frac{x-\mu}{\sigma}\right)^2}dx \tag{3-6}$$

式中，$x=\lg N$。

根据假设，统计量$(x-\mu)/\sigma$符合标准正态分布，通过计算$(x_i-\mu)/\sigma$的值，查标准正态分布表，可以得到 $F_0(x_i)$ 的值，其中，σ 可由式(3-7)计算：

$$\sigma = \sqrt{\frac{1}{n-1}\sum_{i=1}^{n}(x_i-\bar{x})^2} \tag{3-7}$$

本次实验采用 K-S 法来检验 H_0。统计量如式(3-8)所示：

$$D = \max|F_n(x) - F_0(x)| \tag{3-8}$$

取 $\alpha=0.05$，由表查得临界值 $D(10, 0.05)=0.409$，由计算结果可知是否接受假设，即是否服从正态分布。

计算得 x_i 的范围为 6.514 ~ 6.708，取 10 个等长度区间(6.500, 6.525]，(6.525, 6.550]，(6.550, 6.575]，…，(6.725, 6.750]，代号从 1 到 10，分别计算 x_i 在各个区间上出现的次数。计算结果如表 3-8 所示。

表 3-8　计算结果

N_i	3.263×10^6	3.648×10^6	3.988×10^6	4.032×10^6	4.138×10^6	4.212×10^6	4.365×10^6	4.408×10^6	4.708×10^6	5.108×10^6
$x_i=\lg N_i$	6.514	6.562	6.601	6.606	6.617	6.624	6.640	6.644	6.673	6.708
μ	6.619									
σ	0.054									
区间代号	1	2	3	4	5	6	7	8	9	10
出现次数	1	0	1	0	4	2	1	0	1	0
累积次数	1	1	2	2	6	8	9	9	10	10
$F_n(x_i)$	0.1	0.1	0.2	0.2	0.6	0.8	0.9	0.9	1.0	1.0
$(x_i-\mu)/\sigma$	-1.944	-1.056	-0.333	-0.241	-0.037	0.093	0.389	0.463	1.001	1.648
$F_0(x_i)$	0.026	0.145	0.371	0.405	0.484	0.536	0.655	0.677	0.841	0.951
D_i	0.074	0.045	0.171	0.205	0.116	0.264	0.245	0.223	0.159	0.049

由表 3-8 看出，D_i 的最大值为 0.264，小于临界值 $D(10, 0.05)=0.409$，因此接受假设，即应力水平为 500MPa 时的对数疲劳寿命服从正态分布。

同理，可计算其他组数据 D 的最大值，分别为 0.196、0.268，均小于临界值 $D(10, 0.05)=0.409$，即其他数据也均服从正态分布。

3.2.4　$P-S-N$ 曲线拟合

通常，在一定应力下循环一定次数是否发生疲劳破坏是有一定概率的，把这种概率称为可靠度，也叫存活率。故把这种一定可靠度下应力与破坏发生时的循环次数之间的关系曲线称为 $P-S-N$ 曲线，它是一个曲线簇，如图 3-8 所示。

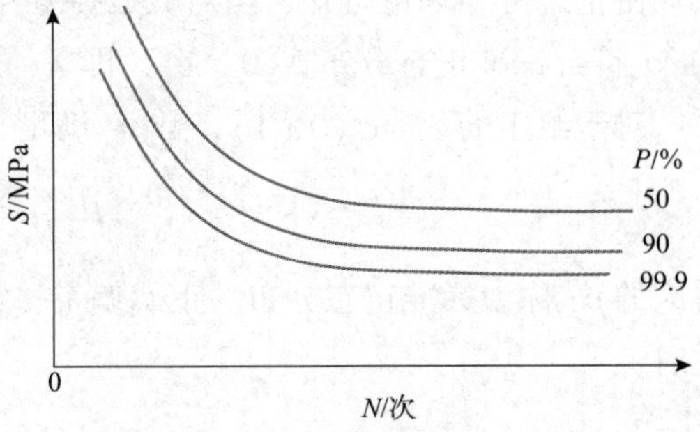

图 3-8　$P-S-N$ 曲线示意图

1. $P-S-N$ 曲线的一般表达式

对于在疲劳极限以上的应力振幅，当最大应力小于屈服应力时，对应的破坏循环次数可以用一定的函数来表示，常用的形式有幂函数形式。

描述材料 $S-N$ 曲线的最常用的形式是幂函数形式，如式(3-9)所示：

$$S^m \cdot N = C \tag{3-9}$$

式中，m 与 C 是与材料性质、结构等有关的参数。对于幂函数，其不如直线直观，且曲线拟合误差较大，所以对一定可靠度下的各点进行直线方程拟合，拟合的依据是最小二乘法。

对式(3-9)两边取对数，可得式(3-10)：

$$\lg N = A + B\lg S \tag{3-10}$$

式中，材料参数 $A=\lg C$，$B=-m$。式(3-10)表明，应力 S 与寿命 N 之间有对数线性关系，这一点可以通过观察实验数据 S 和 N 在双对数坐标上是否具有线性关系而确定(图3-9)。

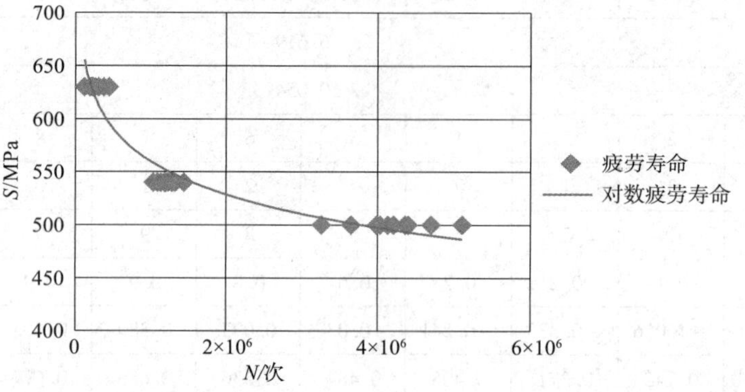

图3-9 某HL级抽油杆 $S-N$ 曲线

2. $P-S-N$ 曲线拟合

通常在疲劳实验中，在每一个应力水平上都用一组相同的试样做疲劳实验，得到一组疲劳数据。对各级应力水平下疲劳寿命分布曲线上可靠度相同的点进行曲线拟合，就得到给定可靠度的一组 $P-S-N$ 曲线。

由正态分布理论可知，当对数疲劳寿命 $x=\lg N$ 符合正态分布 $N(\mu, \sigma^2)$ 时，$X=(x-\mu)/\sigma$ 符合标准正态分布 $N(0, 1)$，即 $X \sim N(0, 1)$。

对于给定的数 $p\in(0, 1)$，数 μ_p 满足 $P\{X>\mu_p\}=P$，如式(3-11)所示：

$$P\left\{\frac{x-\mu}{\sigma}>\mu_p\right\}=P \tag{3-11}$$

对应的 μ_p 称为标准正态分布的正态偏量，如图3-10所示。
此时，

$$x=\mu+\mu_p\sigma \tag{3-12}$$

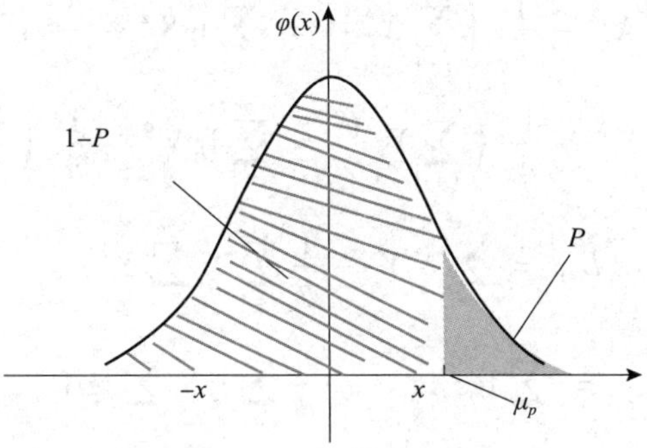

图3－10 正态分布图

故，一定可靠度下的对数疲劳寿命可以如式(3－13)所示：

$$\hat{x}_p = \lg N_p = \mu + \mu_p \sigma \tag{3-13}$$

对于一个应力水平下的疲劳寿命数据，将式(3－13)中的μ和σ分别用$\hat{\mu}$和$\hat{\sigma}$替换，可得式(3－14)：

$$\lg N_P = \hat{\mu} + \mu_p \hat{\sigma} \tag{3-14}$$

其中，μ_p代表对应可靠度P下的标准正态偏量，可通过查表获得。部分标准正态偏量如表3－9所示。

表3－9 部分标准正态偏量

P	μ_p	$\hat{x}_p = \mu + \mu_p \sigma$	P	μ_p	$\hat{x}_p = \mu + \mu_p \sigma$
0.9999	−3.80	$\hat{x}_p = \mu - 3.8\sigma$	0.9015	−1.29	$\hat{x}_p = \mu - 1.29\sigma$
0.9987	−3.00	$\hat{x}_p = \mu - 3.0\sigma$	0.8413	−1.00	$\hat{x}_p = \mu - 1.0\sigma$
0.9951	−2.58	$\hat{x}_p = \mu - 2.58\sigma$	0.6915	−0.50	$\hat{x}_p = \mu - 0.5\sigma$
0.9938	−2.50	$\hat{x}_p = \mu - 2.5\sigma$	0.5000	0	$\hat{x}_p = \mu$
0.9772	−2.00	$\hat{x}_p = \mu - 2.0\sigma$	0.1587	1.00	$\hat{x}_p = \mu + 1.0\sigma$
0.9505	−1.65	$\hat{x}_p = \mu - 1.65\sigma$	0.0228	2.00	$\hat{x}_p = \mu + 2.0\sigma$
0.9332	−1.50	$\hat{x}_p = \mu - 1.5\sigma$	0.0013	3.00	$\hat{x}_p = \mu + 3.0\sigma$
0.9192	−1.40	$\hat{x}_p = \mu - 1.4\sigma$	0.0001	3.80	$\hat{x}_p = \mu + 3.8\sigma$

采用最小二乘法，对指定可靠度下疲劳寿命曲线进行拟合，可得拟合方程，如式(3－15)所示：

$$\lg N_p = A_p + B_p \lg S \tag{3-15}$$

需要说明的是，本次实验是对对数疲劳寿命平均值进行曲线拟合，每个应力水平下的循环次数取平均值，$\lg N_i = \mu_i$，即可靠度$P = 50\%$下的循环次数。

在式(3－15)中，令$Y = \lg N_p$，$X = \lg S$，$A = \lg C$，$B = -m$，则有式(3－16)：

$$Y = A + BX \tag{3-16}$$

由于任何数据均可拟合成线性方程，因此需要制定标准，判定实验数据能否拟合成线性方程，这就是相关性检验。

进行相关性检验，如式(3－17)～式(3－20)所示：

$$L_{XX} = \sum_{i=1}^{n} X_i^2 - \frac{1}{n}\left(\sum_{i=1}^{n} X_i\right)^2 = \sum_{i=1}^{n} \lg S_i^2 - \frac{1}{n}\left(\sum_{i=1}^{n} \lg S_i\right)^2 \tag{3-17}$$

$$L_{YY} = \sum_{i=1}^{n} Y_i^2 - \frac{1}{n}\left(\sum_{i=1}^{n} Y_i\right)^2 = \sum_{i=1}^{n} \lg N_i^2 - \frac{1}{n}\left(\sum_{i=1}^{n} \lg N_i\right)^2 \tag{3-18}$$

$$\begin{aligned} L_{XY} &= \sum_{i=1}^{n} X_i Y_i - \frac{1}{n}\sum_{i=1}^{n} X_i \sum_{i=1}^{n} Y_i \\ &= \sum_{i=1}^{n} \lg S_i \lg N_i - \frac{1}{n}\sum_{i=1}^{n} \lg S_i \sum_{i=1}^{n} \lg N_i \end{aligned} \tag{3-19}$$

$$r = \frac{L_{XY}}{\sqrt{L_{XX} L_{YY}}} \tag{3-20}$$

由式(3－20)计算出 r 的绝对值在0到1之间，其越接近1，说明 X 与 Y 之间的线性关系越好；越接近0，则说明数据越分散，X 与 Y 之间为非线性关系。查相关系数表可知，$n=3$ 时的相关系数起码值 $r_{\max}=0.977$。若 $|r|>r_{\max}$，则认为对数应力幅和对数疲劳寿命是线性相关的，可以进行直线拟合。反之亦然。线性相关系数如表3－10所示。

表3－10　线性相关系数

n	3	4	5	6	7	8	9	10
r	0.977	0.950	0.878	0.811	0.754	0.707	0.666	0.632

采用直线拟合时，最小二乘法的正规方程组如式(3－21)所示：

$$\begin{bmatrix} \sum_{i=1}^{n} 1 & \sum_{i=1}^{n} X_i \\ \sum_{i=1}^{n} X_i & \sum_{i=1}^{n} X_i^2 \end{bmatrix} \begin{bmatrix} A \\ B \end{bmatrix} = \begin{bmatrix} \sum_{i=1}^{n} Y_i \\ \sum_{i=1}^{n} X_i Y_i \end{bmatrix} \tag{3-21}$$

解此正规方程组，可得式(3－22)、式(3－23)：

$$B = \frac{\sum_{i=1}^{n} \lg S_i \lg N_i - \frac{1}{n}\left(\sum_{i=1}^{n} \lg S_i\right)\left(\sum_{i=1}^{n} \lg N_i\right)}{\sum_{i=1}^{n} \left(\lg S_i\right)^2 - \frac{1}{n}\left(\sum_{i=1}^{n} \lg S_i\right)^2} \tag{3-22}$$

$$A = \frac{1}{n}\sum_{i=1}^{n} \lg N_i - \frac{B}{n}\sum_{i=1}^{n} \lg S_i \tag{3-23}$$

由式(3－22)、式(3－23)可以计算得到可靠度 $P=50\%$ 下的拟合曲线。

为了方便曲线拟合，避免复杂的数据计算和运算过程出现误差，使计算结果更加精确，编制了H级抽油杆疲劳实验数据处理软件。该软件采用Visual Basic 6.0可视化程序设计语言编制。为了方便软件编制，在符合《抽油杆》(SY/T 5029—2013)中对疲劳实验数据要求的基础上，取每组数据中的5个有效数据进行拟合，同时为了减小数据分散对结果的影响，保证结果的准确性，这5个有效数据取自均值附近。

图3－11～图3－15为进入软件界面及软件运算界面。

图 3－11　疲劳实验软件进入界面

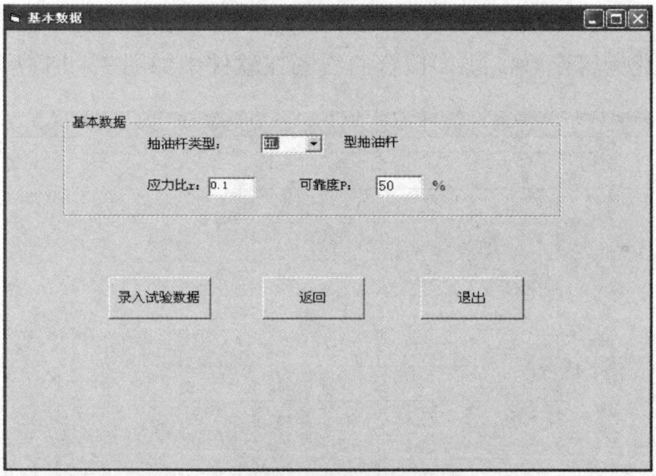

图 3－12　疲劳实验软件输入界面(一)

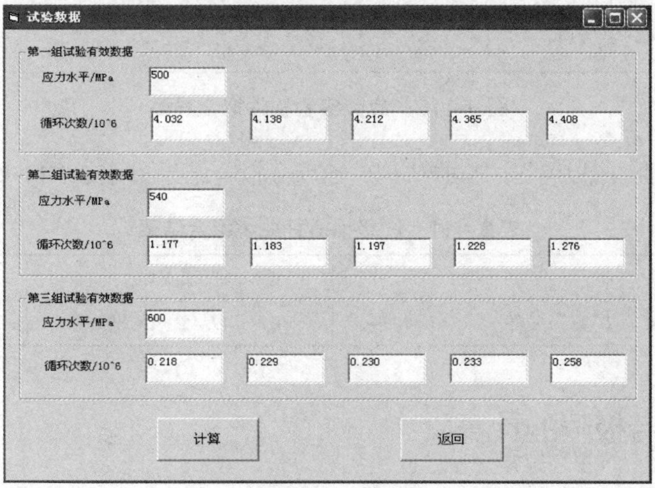

图 3－13　疲劳实验软件输入界面(二)

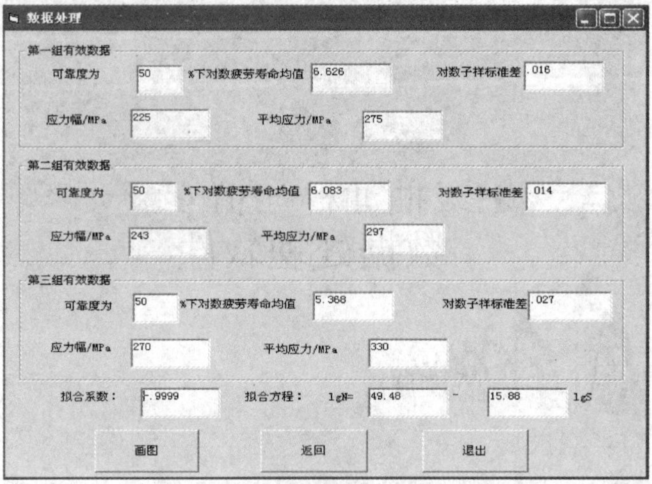

图 3 – 14　疲劳实验软件数据处理界面

拟合系数绝对值 $r=0.9999$，大于临界值 $r_{max}=0.977$，因此可以进行直线拟合。拟合出的直线进一步转化为幂函数曲线，拟合曲线图在软件中如图 3 – 15 所示。

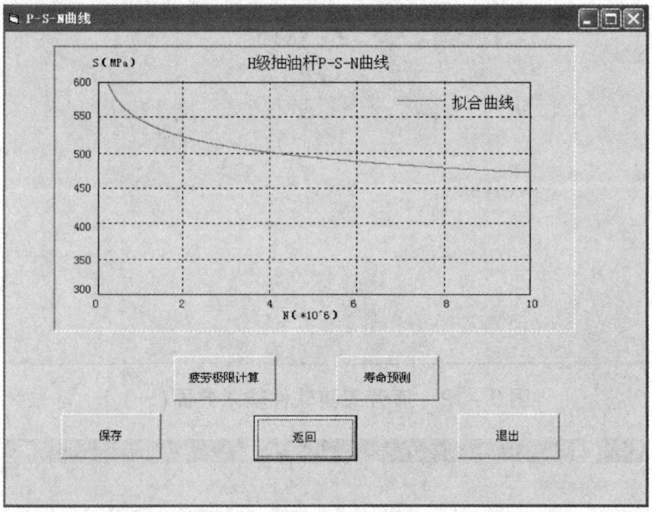

图 3 – 15　疲劳实验软件拟合界面

H 级(HL 级)抽油杆 $P-S-N$ 曲线($P=50\%$)拟合结果如表 3 – 11 所示。

表 3 – 11　H 级抽油杆曲线拟合结果

类　型	A	B	r	直线方程	幂函数方程
HL 级	49.48	−15.88	0.9999	$\lg N=49.48-15.88\lg S$	$N\cdot S^{15.88}=10^{49.48}$

3.2.5　疲劳极限的计算

当交变应力中的最大应力不超过某一极限值时，抽油杆经受无限次循环都不发生疲劳失效，这个应力的极限值称为在循环应力比 R 下的疲劳极限，用 σ_R 表示。其中，σ_{-1} 称为对称循环下的疲劳极限，σ_0 称为脉动循环下的疲劳极限。

值得注意的是，对于抽油杆的高强度钢来说，测出的 $P-S-N$ 曲线中往往没有明显的疲劳极限，工程中常将对应于 $N=10^7$ 循环次数(次)的应力定义为疲劳极限。对于抽油杆，其交变应力的循环特性不同，疲劳极限的数值也不同。实践结果还表明，对称循环下的疲劳极限值是最小的，所以它是表示抽油杆疲劳强度的重要参数。

1. 疲劳极限与古德曼简化直线

在大量实验的基础上，将钢材对应于各应力比时的疲劳极限都绘在所取的坐标系上，组成一条光滑曲线，这就是钢材的疲劳极限曲线。在疲劳极限曲线上，其循环次数都为 10^7 次。坐标系不同，疲劳极限曲线的形状不一样。最常选用的坐标系就是以应力幅 $\sigma_a=(\sigma_{max}-\sigma_{min})/2$ 为纵坐标，以平均应力 $\sigma_m=(\sigma_{max}+\sigma_{min})/2$ 为横坐标，建立的直角坐标系，如图3－16所示。

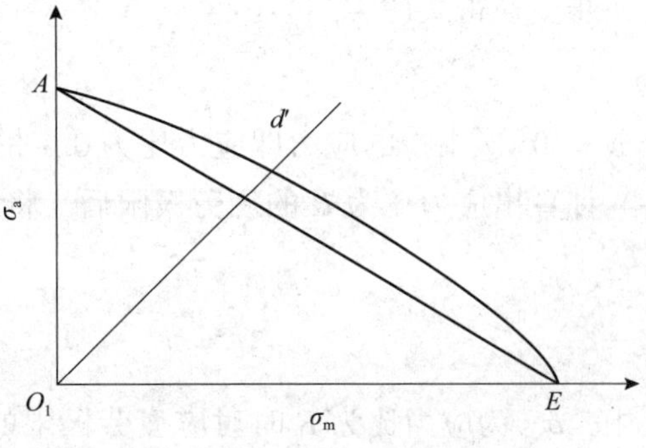

图3－16　简化疲劳极限曲线

在不同应力比 R 条件下，将 σ_{max} 表示的疲劳极限分解为 σ_a 和 σ_m。图中，$Ad'E$ 曲线即钢材疲劳极限曲线；A 点处 $\sigma_m=0$，表示平均应力为0，即 $R=-1$，是钢材试件对称循环疲劳极限点；E 点处的应力幅 $\sigma_a=0$，$R=1$，为静疲劳极限点，值大小等于抗拉强度 σ_b；与坐标轴夹角成45°的射线 O_1d' 与曲线 $Ad'E$ 交于 d' 点，d' 点的 $\sigma_a=\sigma_m$，得出 $\sigma_{min}=0$，$R=0$，该点为脉动循环点。曲线上其余各点的纵坐标、横坐标各代表每一应力比 R 下的 σ_a 与 σ_m，其纵坐标、横坐标之和即相应应力比 R 下的疲劳极限，如式(3－24)所示：

$$\sigma_R=\sigma_m+\sigma_a \tag{3-24}$$

在工程中，对每种材料都做大量实验来获得曲线是不现实的。因此，总是在少量实验基础上，用方程来逼近和描述材料的 $Ad'E$ 曲线。在图3－16中，通常用简化直线 AE 来代替疲劳极限 $Ad'E$。直线 AE 称为按强度破坏准则作出的古德曼简化直线。大量实践证明，古德曼简化直线适用于低塑性的材料，如高强度钢和铸铁。抽油杆属高强度钢材，因此用古德曼简化直线作为抽油杆材料的疲劳极限曲线是恰当的。在此，只需要知道 σ_{-1}、σ_b 等实验参数即可绘出古德曼简化直线。由图中可以看出，古德曼简化直线的方程如式(3－25)所示：

$$\sigma_a/\sigma_{-1}+\sigma_m/\sigma_b=1 \tag{3-25}$$

因此，式(3－24)和式(3－25)联立可得出任意应力比 R 下的疲劳极限，如式(3－26)所示：

$$\sigma_R=\sigma_m\left(1-\frac{\sigma_{-1}}{\sigma_b}\right)+\sigma_{-1} \tag{3-26}$$

由此可见，任意应力比 R 下的疲劳极限与抗拉强度和对称疲劳极限，以及该疲劳极限对应的平均应力有关。

2. 疲劳极限的计算

在 $P-S-N$ 曲线方程中，令疲劳寿命 $N=10^7$ 次，求得的应力即在应力比 R 下的疲劳极限。求出 σ_R 后，相当于已知交变应力中最大应力值和应力比，即 σ_{max} 和 R，因此很容易求出对应的 σ_a 和 σ_m。

应力比 R 为 0.1 时，HL 级抽油杆在 50% 可靠度下的 $P-S-N$ 曲线方程如式(3－27)所示：

$$\lg N = 49.48 - 15.88\lg S \tag{3-27}$$

进一步变换得式(3－28)：

$$S = 10^{\frac{\lg N - 49.48}{15.88}} \tag{3-28}$$

令 $N=10^7$ 次求得的应力即应力比为 0.1 的疲劳极限。

计算出应力比为 R 的疲劳极限后，将式(3－26)进行变换得式(3－29)：

$$\sigma_{-1} = \frac{\sigma_R - \sigma_m}{1 - \dfrac{\sigma_m}{\sigma_b}} \tag{3-29}$$

其中，σ_m 为应力比为 R 时对应疲劳极限的平均应力，据此即可得出抽油杆的对称循环下的疲劳极限 σ_{-1}。软件计算过程如图 3－17 所示。

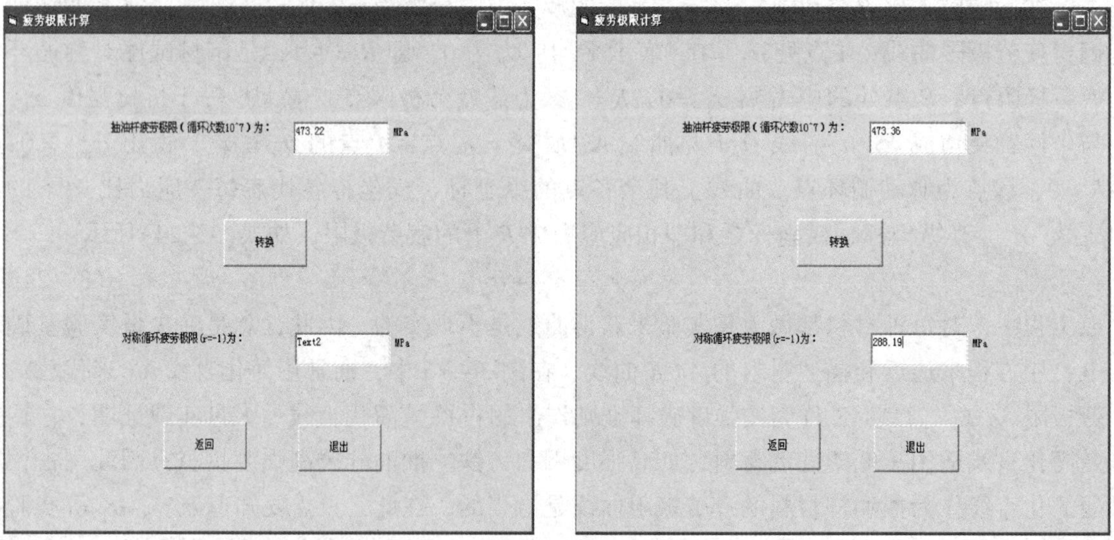

图 3－17　软件计算过程

经计算，H 级(HL 级)抽油杆的疲劳极限计算结果如表 3－12 所示。

表 3－12　疲劳极限计算结果

可靠度 P/%	50
疲劳极限/MPa	473.36
对称循环疲劳极限/MPa	288.19

3.3 $P-S-N$ 曲线拟合新方法

本书首次基于三参数威布尔分布建立了超高强度抽油杆疲劳寿命预测模型，拟合了HL级和HY级两种类型超高强度抽油杆的 $P-S-N$ 曲线，采用K－S检验法对疲劳实验数据进行了威布尔分布及正态分布拟合优度检验，并进行了Basquin模型和威布尔模型疲劳寿命预测精度对比。

3.3.1 疲劳寿命新模型建立

威布尔分布的累积失效分布函数如式(3－30)所示：

$$p(x)=1-\exp\left[-\left(\frac{x-\alpha}{\beta}\right)^{\gamma}\right] \tag{3-30}$$

式中 x——疲劳寿命或疲劳寿命函数式；

α——位置参数，$\alpha \in R$；

β——尺度参数，$\beta>0$；

γ——形状参数，$\gamma>0$。

假定抽油杆疲劳寿命数据服从三参数威布尔分布，疲劳寿命函数计算如式(3－31)所示：

$$x=(\lg N-A)(\lg S-B) \tag{3-31}$$

式中 S——应力幅值；

N——疲劳寿命；

B——应力幅值修正参数；

A——疲劳寿命修正参数。

基于三参数威布尔分布的抽油杆疲劳寿命模型方程如式(3－32)所示：

$$p(N \mid S)=1-\exp\left\{-\left[\frac{(\lg N-A)(\lg S-B)-\alpha}{\beta}\right]^{\gamma}\right\} \tag{3-32}$$

式中，$(\lg N-A)(\lg S-B)\geqslant\alpha$，根据式(3－32)对抽油杆疲劳实验结果进行拟合，并进行参数 A、B、α、β、γ 值的估计。

疲劳应力－疲劳寿命($S-N$)函数如式(3－33)所示：

$$\lg\frac{S}{S_0}\lg\frac{N}{N_0}=b \tag{3-33}$$

用疲劳寿命 N 的平均值 μ 代替常数 b，则式(3－33)可变为式(3－34)：

$$\lg N=A+\frac{\mu}{\lg S-B} \tag{3-34}$$

构建函数，如式(3－35)所示：

$$Q=\sum_{i=1}^{n}\left(\lg N_i-A-\frac{\mu}{\lg S_i-B}\right)^2 \tag{3-35}$$

式中　n——样本容量；

μ——疲劳寿命 N 的平均值；

N_i——应力幅值 S_i 对应的疲劳寿命。

由疲劳数据，根据式(3－34)和式(3－35)，运用线性回归方法进行拟合，当 Q 取最小值时，得到 A、B 的值。

可以利用概率加权矩法估计三参数威布尔分布 α、β、γ 的值，三参数威布尔分布的概率加权矩函数可以写成式(3－36)：

$$M_{1,0,s}=\frac{\alpha}{s+1}+\frac{\beta}{(s+1)^{1+\frac{1}{\gamma}}}\cdot\Gamma\left(1+\frac{1}{\gamma}\right),\ \gamma>0 \tag{3-36}$$

需要三个方程式来估计三参数威布尔分布的三个参数，令 $s=0$，1，2，代入式(3－36)中可以得到方程组，如式(3－37)所示：

$$\begin{cases}M_{1,0,0}=\alpha+\beta\cdot\Gamma\left(1+\frac{1}{\gamma}\right)\\ M_{1,0,1}=\frac{\alpha}{2}+\frac{\beta}{2^{1+\frac{1}{\gamma}}}\cdot\Gamma\left(1+\frac{1}{\gamma}\right)\\ M_{1,0,2}=\frac{\alpha}{3}+\frac{\beta}{3^{1+\frac{1}{\gamma}}}\cdot\Gamma\left(1+\frac{1}{\gamma}\right)\end{cases} \tag{3-37}$$

由式(3－37)得威布尔分布的三个参数的表达式，分别如式(3－38)～式(3－40)所示：

$$\alpha=M_{1,0,0}-\beta\cdot\Gamma\left(1+\frac{1}{\gamma}\right) \tag{3-38}$$

$$\beta=\frac{2M_{1,0,1}-M_{1,0,0}}{(2^{\frac{-1}{\gamma}}-1)\cdot\Gamma\left(1+\frac{1}{\gamma}\right)} \tag{3-39}$$

$$\frac{3M_{1,0,2}-M_{1,0,0}}{2M_{1,0,1}-M_{1,0,0}}=\frac{3^{\frac{-1}{\gamma}}-1}{2^{\frac{-1}{\gamma}}-1} \tag{3-40}$$

根据实验数据求出概率加权矩 $M_{1,0,s}$ 的值，再结合式(3－38)～式(3－40)就可以求出三个参数 α、β、γ 的值，$M_{1,0,0}$、$M_{1,0,1}$ 和 $M_{1,0,2}$ 的计算公式分别如式(3－41)～式(3－43)所示：

$$\hat{M}_{1,0,0}=\frac{1}{n}\sum_{i=1}^{n}x_i \tag{3-41}$$

$$\hat{M}_{1,0,1}=\frac{1}{n(n-1)}\sum_{i=1}^{n}(n-i)x_i \tag{3-42}$$

$$\hat{M}_{1,0,2}=\frac{1}{n(n-1)(n-2)}\sum_{i=1}^{n}(n-i)(n-i-1)x_i \tag{3-43}$$

式中　x_i——抽油杆疲劳寿命数据，可以通过式(3－31)计算得到。

3.3.2 新模型 $P-S-N$ 曲线拟合

采用上面模型计算得到HY级和HL级抽油杆疲劳 $P-S-N$ 曲线几何参数，如表3－13所示。

表3－13 抽油杆疲劳 $P-S-N$ 曲线几何参数及威布尔分布参数估计

抽油杆类型	几何参数		威布尔分布参数		
	A	B	α	β	γ
HY级	-20.421	-0.9675	96.5449	0.6798	1.7588
HL级	3.8963	2.5152	0.3451	0.0334	2.6948

根据式(3－32)，HY级和HL级疲劳寿命模型表达式分别如式(3－44)、式(3－45)所示。

$$p(N|S)=1-\exp\left\{-\left[\frac{(\lg N+20.421)(\lg S+0.9675)-96.5449}{0.6798}\right]^{1.7588}\right\} \quad (3-44)$$

$$p(N|S)=1-\exp\left\{-\left[\frac{(\lg N-3.8963)(\lg S-2.5152)-0.3451}{0.0334}\right]^{2.6948}\right\} \quad (3-45)$$

根据三参数威布尔分布模型参数计算结果，分别绘制HY级和HL级抽油杆对数坐标和普通坐标下的 $P-S-N$ 曲线，如图3－18所示。

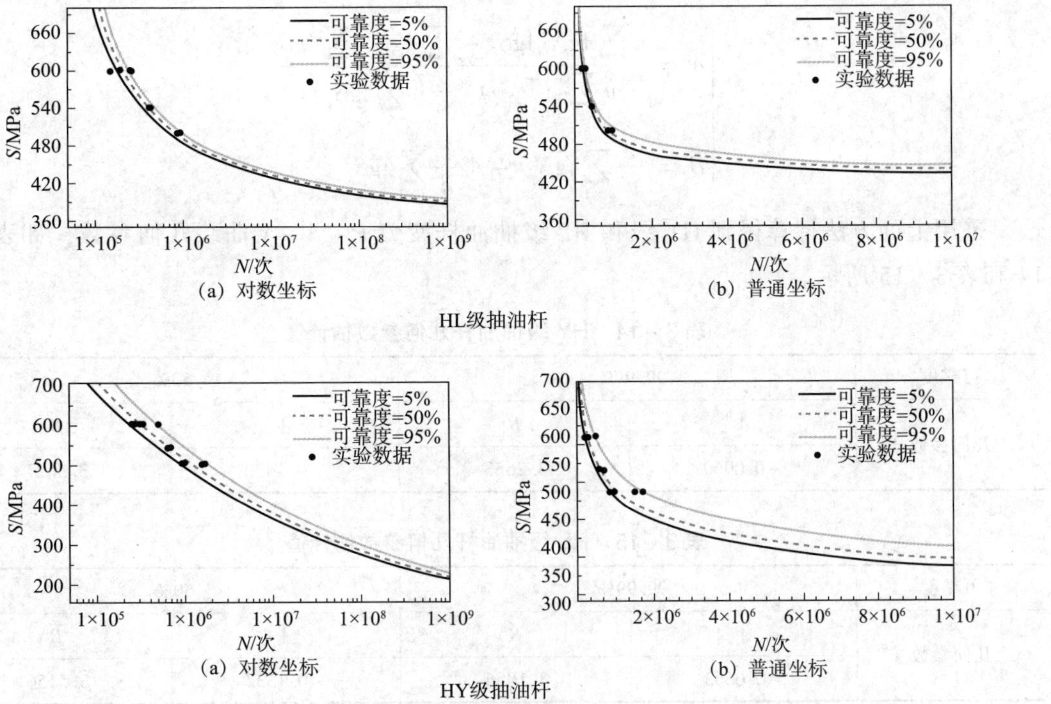

图3－18 三参数威布尔分布模型 $P-S-N$ 曲线

3.3.3　正态分布模型 $P-S-N$ 曲线拟合

基于对数式的 Basquin 模型，$S-N$ 方程如式(3－46)所示：

$$\lg S = \lg C + m\lg N \tag{3-46}$$

式中　S——应力幅值，MPa；

N——疲劳寿命，次；

C 和 m——与实验材料加载方式相关的参数，可以通过线性回归的方法估计得到。

假设对数疲劳寿命 $\lg N$ 服从正态分布，为了拟合 $P-S-N$ 曲线，则需要得到服从标准正态分布的疲劳寿命表达式，由正态分布理论得到指定可靠度下服从标准正态分布的疲劳寿命，如式(3－47)所示：

$$\lg N_p = \mu + \mu_p \sigma \tag{3-47}$$

式中　$\lg N_p$——服从标准正态分布的对数疲劳寿命；

μ——对数疲劳寿命平均值；

μ_p——与可靠度 P 对应的标准正态偏量(查标准正态偏量表获得)；

σ——对数疲劳寿命标准差。

采用最小二乘法对 $P-S-N$ 曲线进行拟合，令 $B=\lg C$，$A=m$ 并构建拟合方程，得到式(3－48)及式(3－49)：

$$\lg S = A\lg N_p + B \tag{3-48}$$

$$\begin{cases} \hat{A} = \dfrac{n\sum \lg N_{pi}\lg S_i - \sum \lg N_{pi}\sum \lg S_i}{n\sum(\lg S_i)^2 - \left(\sum \lg S_i\right)^2} \\ \hat{B} = \dfrac{1}{n}\sum\limits_{i=1}^{n}\lg N_{pi} - \hat{A}\dfrac{1}{n}\sum\limits_{i=1}^{n}\lg S_i \end{cases} \tag{3-49}$$

采用上面方法计算得到 HY 级和 HL 级抽油杆疲劳 $P-S-N$ 曲线几何参数，如表 3－14 和表 3－15 所示。

表 3－14　HY 级抽油杆几何参数估计值

可靠度	99.99%		50%	
几何参数	A	B	A	B
	−0.0960	3.2653	−0.1422	3.5627

表 3－15　HL 级抽油杆几何参数估计值

可靠度	99.99%		50%	
几何参数	A	B	A	B
	−0.0663	3.1056	−0.1332	3.5156

根据正态分布 Basquin 模型参数计算结果，分别绘制 HY 级和 HL 级抽油杆对数坐标和普通坐标下的 $P-S-N$ 曲线，如图 3－19 所示。

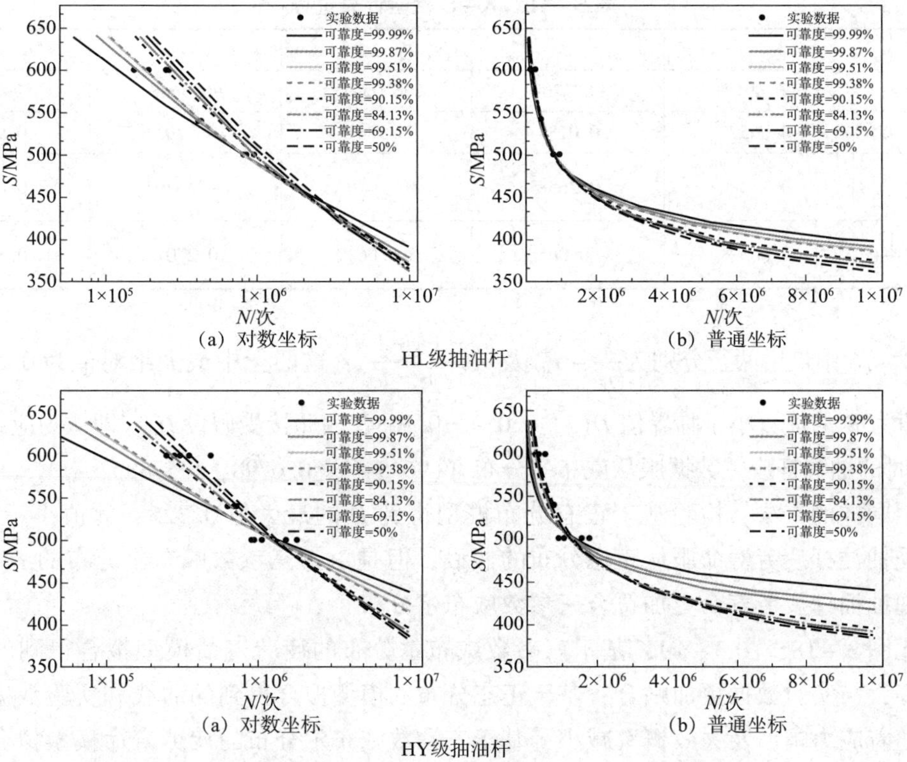

图 3－19 正态分布 Basquin 模型 *P*－*S*－*N* 曲线

3.3.4 两种模型的对比分析

为了验证疲劳数据是否符合假定分布，需要进行拟合优度检验，常用的检验方法有 χ^2 检验法、克拉美法及 K－S 检验法等。

采用 K－S 检验法检验疲劳实验数据是否符合假定分布，实验数据服从假定分布记为 H_0，实验数据不服从假定分布记为 H_1，$F_0(x)$为分布函数，$F_n(x)$为样本累积频率函数，则有公式(3－50)：

$$F_n(x)=\begin{cases}0 & x<X_{(1)} \\ \dfrac{k}{n} & X_{(k)}\leqslant x<X_{(k+1)},\ k=1,\ \cdots,\ n-1 \\ 1 & x\geqslant X_{(n)}\end{cases} \tag{3-50}$$

式中，$X_{(1)}\leqslant X_{(2)}\leqslant\cdots\leqslant X_{(n)}$ 称为 $X_{(1)}$，$X_{(2)}$，…，$X_{(n)}$ 升序排列后的次序统计量。

设 D 为 $F_0(x)$ 与 $F_n(x)$ 差距的最大值，即 $D=\max|F_n(x)-F_0(x)|$，当实际观测到 $D>D(n,\ \alpha)$时，拒绝 H_0 假设；反之，接受 H_0 假设，其中 $D(n,\ \alpha)$的值可以通过 K－S 检验的临界值表查得。

以 HY 级抽油杆在应力幅值为 500MPa 为例，因为实验数据为 5 个，因此取显著水平 $\alpha=0.05$，查表可以得到临界值 $D(5,\ 0.05)=0.563$。利用 K－S 检验计算过程如表 3－16 所示。

表 3 - 16　K - S 检验计算过程

k	1	2	3	4	5
$X_{(k)}$	96.6917	96.7709	96.9541	96.5648	97.7697
$F_0(X_{(k)})$	0.0652	0.0134	0.3361	0.8701	0.9402
$\frac{k}{n}-F_0$	0.1348	0.2658	0.2640	-0.0701	0.0598
$\frac{F_0-(k-1)}{n}$	0.0652	-0.0658	-0.0639	0.2701	0.1402

表 3 - 16 中最后两行分别为$\frac{k}{n}-F_0$及$\frac{F_0-(k-1)}{n}$，这两行中最大绝对值为 0.2658。这个最大值为 D 的值，小于临界值 $D(5,\ 0.05)=0.563$，因此接受假设 H_0，即认为应力幅值为 500MPa 时的抽油杆疲劳数据服从威布尔分布 $W(96.5449,\ 0.6798,\ 1.5788)$。

运用同样的方法，检验基于正态分布模型得到 D 的最大值 0.325，此值小于临界值，因此接受抽油杆疲劳寿命服从正态分布的假设，但是由于三参数威布尔分布的 D 值更小，可以发现抽油杆疲劳寿命更加符合三参数威布尔分布。

对比图 3 - 18、图 3 - 19，基于三参数威布尔分布的疲劳寿命模型拟合得到的曲线弯曲度更好，与实验数据更加贴合，基于正态分布的模型拟合得到的曲线和实验数据贴合度较低。随着应力幅值及失效概率减小，基于三参数威布尔分布的疲劳寿命模型拟合得到的曲线逐渐变得平缓，趋近于疲劳极限值，所计算概率下的曲线离散度较低，更加符合实际情况，基于正态分布的模型拟合得到的曲线离散度更高，在低失效概率下疲劳寿命预测值更加保守，在高失效概率下疲劳寿命预测值更加危险。

计算得到两种不同模型在可靠度为 50% 时的疲劳寿命，如表 3 - 17 所示。

表 3 - 17　两种模型的疲劳寿命

抽油杆类型	应力幅值 S/MPa	实验值/次	三参数威布尔分布模型			正态分布 Basquin 模型		
			疲劳寿命 N/次	误差/%	平均误差/%	疲劳寿命 N/次	误差/%	平均误差/%
HL 级	500	864152	856698	0.86	1.25	959431	11.03	12.50
	540	418945	416321	0.63		485548	15.9	
	600	213541	208726	2.26		190956	10.58	
HY 级	500	1237711	1188580	3.97	4.39	1714901	38.55	19.84
	540	687102	664063	3.35		614839	10.52	
	600	337220	317407	5.88		302011	10.44	

由表 3 - 17 可以发现，基于三参数威布尔分布模型计算所得的 HL 级、HY 级抽油杆疲劳寿命与实验误差平均值分别为 1.25% 和 4.39%，基于正态分布 Basquin 模型计算得到的疲劳寿命与实验误差分别为 12.50% 和 19.84%。因此，本书提出的基于三参数威布尔分布模型的拟合精度更高。

第4章　超高强度抽油杆许用应力计算

4.1　许用应力概念

抽油杆在工作时受到交变载荷作用，因此在抽油杆内产生了由最大应力 σ_{max} 到最小应力 σ_{min} 的非对称循环应力。当抽油杆尺寸一定时，抽油杆所受的应力随载荷的增加而增加，但是这种工作应力的增加受到抽油杆力学性能的限制。当杆内的应力达到强度极限时，抽油杆将发生破坏，这在工程中显然是不允许的。

为了保证抽油杆在工作时不发生疲劳破坏，需要预先确定一个衡量的标准，保证抽油杆工作时的最大应力 σ_{max} 或者折算应力低于某一值，该值应小于抽油杆的极限应力，或者可规定为抽油杆极限应力值的若干分之一。这种把抽油杆极限应力值除以大于1的系数而得到的应力值，称为抽油杆的许用应力，用[σ]表示。

抽油杆的疲劳极限应力作为许用应力要除以安全系数，主要有两个方面的原因：一方面，强度计算中有些数据与实际有差异，如抽油杆的组织材料不是理想均匀的，同一类型抽油杆测出的力学性质在一定范围内是变动的，设计计算中应用的公式是将实际条件加以简化，并在较为理想的情况下得出来的，因而应力计算也具有一定的近似性，加上抽油杆载荷在数值上难以精确掌握，上述差异都以安全系数的形式加以考虑。另一方面，要给抽油杆留有一定的强度储备。即使上述的应力计算、载荷数值都比较准确，在强度上还是要留有一定的储备，储备的多少也要以安全系数的形式予以考虑。

安全系数的选择具有一定的不确定性。安全系数越高，抽油杆工作就越可靠，但过高的安全系数会大大降低许用应力，使抽油杆的工作应力控制在较低的水平，大大浪费了抽油杆的工作潜力，造成材料的浪费；较低的安全系数虽然提高了许用应力，但降低了抽油杆的强度储备，这样抽油杆在接近许用应力下工作时就容易造成疲劳破坏。因此，安全系数的选择不仅要经过正确计算，而且要进行修正对比，选出合适的数值。

抽油杆用钢属于高强度钢，脆性极好，因此安全系数在2.0~4.0。

抽油杆的许用应力是杆柱设计中允许承受的最大应力值。只要抽油杆的工作应力不超过其许用应力，则抽油杆在工作时是安全的，否则就是不安全的。许用应力不是抽油杆的固有属性，它是抽油杆在不同加载及工作环境中的极限强度的反映。许用应力是抽油杆设计中的基本数据，它的准确与否直接关系到抽油杆的设计是否合理。在实际应用中，许用应力值与材料的强度、载荷、环境、加工质量及计算精确度等有关。

4.2 许用应力计算

抽油杆的许用应力分为两类：一是与疲劳强度相关的折算许用应力；二是与最小抗拉强度有关的许用最大应力。前者考虑到抽油杆在交变载荷作用下工作，抽油杆往往由于疲劳而发生破坏，因此须根据疲劳强度进行计算；后者考虑到抽油杆的疲劳强度，同时考虑到流体腐蚀性等因素，因此通过附加的系数进行计算。

现代抽油杆许用应力的计算都采用无限疲劳寿命计算，即把抽油杆的许用应力控制在疲劳极限以下，以保证抽油杆的工作循环次数大于10^7次(若按冲次为6min^{-1}，则可连续使用3.2年以上)。

4.2.1 奥金格许用折算应力

使用折算许用应力计算公式，其实质是将抽油杆所受的非对称循环应力转化为对称循环应力进行校核。对于同一材料，其交变应力的循环特性不同，疲劳极限的数值也不同。实践结果表明，对称循环($r=-1$)下的疲劳极限值是最小的。而且，已知对称循环下的疲劳极限后，经过简化，可以求出非对称循环下的疲劳极限。所以，它是表示抽油杆疲劳强度的重要参数。折算许用应力用式(4－1)来表示：

$$[\sigma_{-1}]=\frac{\sigma_{-1}}{K} \tag{4-1}$$

式中 σ_{-1}——对称循环疲劳极限应力，可通过疲劳曲线模拟算出；

K——安全系数，根据《安全系数和许用应力》(徐灏著，1981年)中介绍，安全系数K与材料的应力集中系数、尺寸系数及表面系数有关。具体表达式如式(4－2)所示：

$$K=\frac{K_\sigma}{\varepsilon_\sigma\beta} \tag{4-2}$$

式中 ε_σ——尺寸系数，小数；

β——表面系数，小数；

K_σ——应力集中系数，小数。

大量实践表明，在交变应力作用下，抽油杆是否产生疲劳失效，不仅与最大应力σ_{max}有关，还与循环应力比R及循环次数N有关。在给定的交变应力下，必须经过一定的循环次数，才可能发生破坏。在一定的循环应力比下，交变应力的最大值越大，破坏前经历的循环次数就越少；反之，降低交变应力中的最大应力，则破坏前经历的循环次数就会越多。当最大应力不超过某一极限值时，抽油杆经受无限多次循环都不发生疲劳失效，这个应力的极限值称为在循环应力比R下的疲劳极限，用σ_R表示，下标R表示交变应力的循环特性，即应力比。根据相关研究，在非对称循环应力下的抽油杆强度条件如式(4－3)所示：

$$\sigma_c \leqslant [\sigma_{-1}] \qquad (4-3)$$

式中 σ_c——折算应力，$\sigma_c = \sqrt{\sigma_a \sigma_{max}}$。

阿塞拜疆石油研究所在不同条件下对各种钢材料进行了疲劳研究，并将研究结果与油田实际情况进行了对比，得出不同材料级别的抽油杆的许用应力，如表4-1所示。

表4-1 不同材料级别的抽油杆的许用应力

抽油杆类型	C级	D级	H级
相当许用应力/(N/mm^2)	70	90	100~130

《采油技术手册(第四分册)》中给出了不同钢牌号及热处理工艺下的奥金格折算许用应力，如表4-2所示。

表4-2 钢制抽油杆的奥金格折算许用应力

泵径/mm	钢牌号	热处理类型	$[\sigma_{-1}]$/MPa
28、32、38、44	40号碳钢	正火	70
28、32、38、44	20NiMo合金钢	正火	90
28、32、38、44	40号碳钢	高频淬火	120
56、70、83、95	40号碳钢	高频淬火	100
28、32、38、44	20NiMo合金钢	高频淬火	130
56、70、83、95	20NiMo合金钢	高频淬火	110

4.2.2 API修正的古德曼许用最大应力

许用最大应力的计算本质上也与疲劳极限有关，所以按照许用最大应力进行抽油杆设计实质上也是考虑了抽油杆的疲劳强度。

1. API对古德曼应力图的修正

古德曼曾假设，拉伸脉动循环时的安全疲劳极限为材料抗拉强度的一半，即 $\sigma_{R=0} = \sigma_m + \sigma_a = \sigma_b/2$，又因为拉伸脉动循环时 $\sigma_m = \sigma_a$，故可得 $\sigma_m = \sigma_a = \sigma_b/4$，代入直线方程可得出对称循环疲劳极限等于钢材抗拉强度的1/3，如式(4-4)所示：

$$\sigma_{-1} = \sigma_b/3 \qquad (4-4)$$

简化的古德曼疲劳极限是以强度破坏准则作出的，考虑到抽油杆工作条件恶劣，抽油杆钢材的机械性能也有差异。为减小因材质差异造成的影响，API RP 11BR取同一钢材级别的最小抗拉强度 T 作为抽油杆的强度极限。故抽油杆的对称疲劳极限可修正为式(4-5)：

$$\sigma_{-1} = T/3 \qquad (4-5)$$

将 $\sigma_m = (\sigma_{max} + \sigma_{min})/2$ 和 $\sigma_{-1} = T/3$ 代入 σ_R 方程，可得式(4-6)：

$$\sigma_R = (\sigma_{max} + \sigma_{min} + T)/3 \qquad (4-6)$$

2. 修正的古德曼应力图做法

由于疲劳极限是以交变应力中的最大应力来衡量的，因此以最大应力 σ_{max} 为变量，修正的古德曼应力图的理论基础是 $\sigma_{min} \leqslant \sigma_{max} \leqslant \sigma_R$，下面介绍该图的几何做法(图 4-1)。

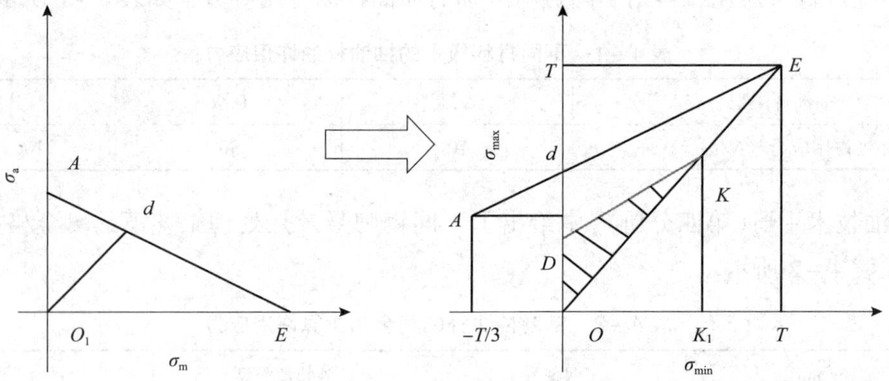

图 4-1　修正的古德曼应力图

1)画 AE 线

在 $O_1\sigma_a\sigma_m$ 直角坐标系(以下称为旧系)中，画出修正的古德曼疲劳极限线。在图 4-1 中，有 $O_1E=T$，$O_1A=T/3$。

2)在 $O\sigma_{max}\sigma_{min}$ 坐标系中，画出 $\sigma_{max}-\sigma_{min}$ 疲劳极限线

(1)建立新坐标系 $O\sigma_{max}\sigma_{min}$。

以 O 为原点建立新坐标系，新坐标系的纵轴为最大应力轴，即 σ_{max} 轴，横轴为最小应力轴，即 σ_{min} 轴。过 O 点作与 σ_{min} 轴成 45°的射线，在射线上最大应力与最小应力相等。由于抽油杆的最大应力一定大于最小应力，加上抽油杆的最小工作应力为正值，因此其许用应力范围在新坐标系中第一象限的射线的上方，我们就在这一区域中确定其许用应力范围。

(2)在新坐标系中画出 σ_{max} 与 σ_{min} 关系曲线。

以 A、d、E 三点为例，根据式(4-7)、式(4-8)作出 $\sigma_{max}-\sigma_{min}$ 线。最大疲劳极限、最小疲劳极限与 σ_a、σ_m 的关系如式(4-7)、式(4-8)所示：

$$\sigma_{max}=\sigma_a+\sigma_m \tag{4-7}$$

$$\sigma_{min}=\sigma_m-\sigma_a \tag{4-8}$$

旧坐标系中 AE 线上的 A 点：

在 A 点处 $\sigma_m=0$，即 $\sigma_{max}=-\sigma_{min}$，$R=-1$，即 A 点坐标为$(0, \sigma_{-1})$，根据前文分析，当达到对称循环疲劳极限时，$\sigma_{max}=-\sigma_{min}=\sigma_{R=-1}=T/3$，因此 A 点在旧坐标系中的坐标为$(0, T/3)$。在新坐标系中，A 点坐标为$(-T/3, T/3)$，如图 4-1 所示。

旧坐标系中 AE 线上的 d 点：

过 O_1 点作与 σ_m 轴成 45°的射线与 AE 线交于 d 点。在该点处，平均应力与应力幅相等，$\sigma_{md}=\sigma_{ad}$，即 $\sigma_{min}=0$，该点为脉动循环工作点。

根据古德曼假设，d 点的疲劳极限应为 $\sigma_{maxd}=\sigma_{md}+\sigma_{ad}=T/2$，故在新坐标系的 σ_{max} 轴上取 $Od=T/2$，新坐标系中 d 点即对应于旧坐标系中 d 点的最大疲劳极限应力工作点。

由于 $\sigma_{min}=\sigma_m-\sigma_a=0$，故坐标原点 O 为对应于旧坐标系中 d 点的最小疲劳极限点。在坐标新系中，d 点的坐标为(0，$T/2$)。

旧坐标系中 AE 线上的 E 点：

在 E 点处，平均应力 $\sigma_{mE}=T$，应力幅 $\sigma_{aE}=0$，即在旧坐标系中 E 点坐标为(T，0)。由上述两式得 $\sigma_{max}=\sigma_{min}=T$。故在新坐标系中，$E$ 点坐标为(T，T)，连接 A、d、E 三点，AdE 线即新坐标系中抽油杆的最大疲劳极限线。AdE 线上任一点的疲劳极限用 σ_{sgmax} 表示，则 σ_{sgmax} 在新坐标系中的方程如式(4－9)所示：

$$\sigma_{sgmax}=\frac{T}{2}+\frac{\sigma_{min}}{2} \tag{4-9}$$

连接 O、E 点即新坐标系中最小疲劳极限线，该线与横轴成45°角。

旧坐标系中 AE 线上任一点的最大、最小疲劳极限都可根据式(4－7)、式(4－8)求出，并在新坐标系中 AdE 线上有唯一的对应点。

3)许用应力线

由疲劳极限理论可知，许用应力是最大疲劳极限应力与安全系数的比值，它是与应力幅 σ_a、平均应力 σ_m 及尺寸系数等有关的量。通过对抽油杆钢材的研究，以及抽油杆最小抗拉强度和屈服强度之间关系的研究，得出抽油杆用钢中最差的碳钢的抗拉强度与屈服强度的比值为1.75，即 $\sigma_b/\sigma_s\approx T/\sigma_s=1.75$。要保证抽油杆正常工作，规定其许用最大应力不大于其屈服强度，即 $\sigma_{max}\leqslant\sigma_s=T/1.75$，该条件同时满足前文中的最大疲劳极限方程。对最大疲劳极限线进行适当修正，可得到许用最大应力线。

通常，对于抽油杆取安全系数 $n=2$，即可得到图4－1中的 D 点(疲劳极限除以安全系数即许用最大应力)，DK 线为API规定的许用最大应力线，$OD=Od/2=T/4$，D 点坐标为(0，$T/4$)，$K_1K=\sigma_s=T/1.75$，K 点坐标为($T/1.75$，$T/1.75$)。当不考虑井液腐蚀影响时，DK 线在新坐标系中的斜率如式(4－10)所示：

$$\frac{T/1.75-T/4}{T/1.75}=0.5625 \tag{4-10}$$

故，在新坐标系中其方程如式(4－11)所示：

$$[\sigma_{max}]=0.25T+0.5625\sigma_{min} \tag{4-11}$$

至此，API RP 11BR推荐的修正的古德曼应力图已完成。ODK 区域为API推荐的抽油杆安全工作区，抽油杆的应力点落在该区域内时，抽油杆将不会发生疲劳破坏。

若考虑井液腐蚀影响，则式(4－11)变为：

$$[\sigma_{max}]=(0.25T+0.5625\sigma_{min})\cdot\overline{SF} \tag{4-12}$$

式中　$\overline{SF}$——腐蚀系数，一般情况下 $\overline{SF}=0.8\sim1.0$。

根据所取 $\overline{SF}$ 的大小，按比例将 ADK 线向下平移即可得到考虑腐蚀系数后的许用最大疲劳应力线。

使用$\overline{SF}$时，可参考表4－3选值。

表4－3 抽油杆使用系数及最小抗拉强度

杆柱类型	工作介质性质			适用条件	最小抗拉强度/MPa
	无腐蚀	盐水	含 H_2S		
K级	1.0	<1.0	<1.0	轻、小载荷	570
C级	1.0	0.65	0.5	轻、中载荷	610
D级	1.0	0.9	0.7	中、重载荷	794

对于H级抽油杆，在腐蚀性不太强的环境中，一般取0.9即可满足要求。

记$[\sigma_{max}]=\sigma_{all}$，式(4－12)可变为式(4－13)，即著名的抽油杆许用最大应力计算公式。

$$\sigma_{all}=(0.25T+0.5625\sigma_{min})\cdot\overline{SF} \tag{4-13}$$

式中 T——抽油杆最小抗拉强度，MPa；

$\overline{SF}$——使用系数，即考虑到流体腐蚀性等因素而附加的系数(小于或等于1.0)，使用时参考表4－3；

σ_{all}——抽油杆许用最大应力。

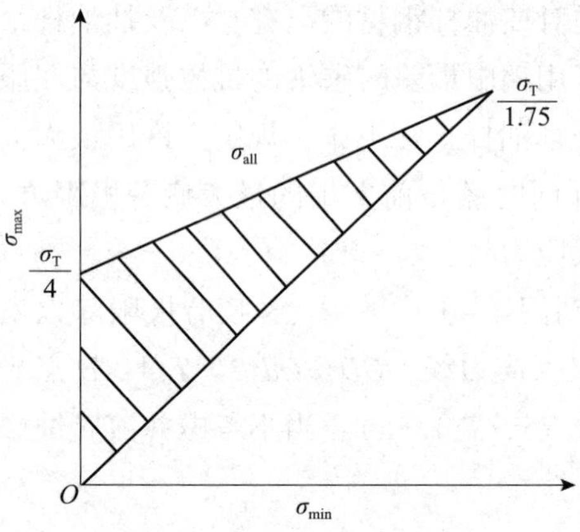

图4－2 修正的古德曼应力图

修正的古德曼应力图纵坐标为抽油杆最大应力，横坐标为抽油杆最小应力，修正的古德曼应力图中阴影区为疲劳安全区，抽油杆的应力点落在该区域内时，抽油杆将不会发生疲劳破坏，如图4－2所示。

3. 强度条件

要保证抽油杆不发生疲劳破坏，抽油杆最大应力应不超过式(4－13)计算出的许用最大应力σ_{all}，即强度条件如式(4－14)所示：

$$\sigma_{max}\leqslant\sigma_{all} \tag{4-14}$$

由古德曼应力公式可以看出，抽油杆的许用应力不仅与杆的材料及抽吸流体的腐蚀性有关，而且与所受的最小应力有关，也就是说，修正的古德曼应力图和式(4－14)给出的是许用应力范围。所以，在抽油杆设计及应力分析中，常采用应力范围比$\overline{PL}$，如式(4－15)所示：

$$\overline{PL}=\frac{\sigma_{max}-\sigma_{min}}{\sigma_{all}-\sigma_{min}} \tag{4-15}$$

式中 $\sigma_{max}-\sigma_{min}$——许用应力范围；

$\sigma_{all}-\sigma_{min}$——抽油杆的应力范围。

合理的抽油杆组合比例不仅应保证各级抽油杆的$\overline{PL}<100\%$，而且各级抽油杆的$\overline{PL}$值应该比较接近。同时，为了有效地使用抽油杆，$\overline{PL}$还应保持较高的数值。

4.2.3　抽油杆许用应力修正

通用的许用最大应力公式是根据抽油杆中最差的用钢的性能及取安全系数 $K=2$ 的情况下得出来的，对 H 级抽油杆而言，通过对其进行力学实验分析，可以得出适合 H 级抽油杆的许用应力模型。

1. 模型的建立

设其最小抗拉强度与屈服强度的比值为 a，即 $a=T/\sigma_s$，则如式(4－16)所示：

$$\sigma_s=\frac{T}{a} \tag{4-16}$$

设其安全系数为 K，则在修正的古德曼应力图中，D 点移动到 D' 位置，且 $OD'=T/(2K)$，D' 点坐标为 $(0,\ T/(2K))$。同理，为保证抽油杆正常工作，规定其许用最大疲劳极限应力应不大于其屈服强度，即 $\sigma_{max}\leqslant\sigma_s=T/a$，该条件同样满足前文中的最大疲劳极限方程，即许用最大应力线 $D'K'$ 在最大疲劳极限应力线 dE 下方，如图 4－3 所示。

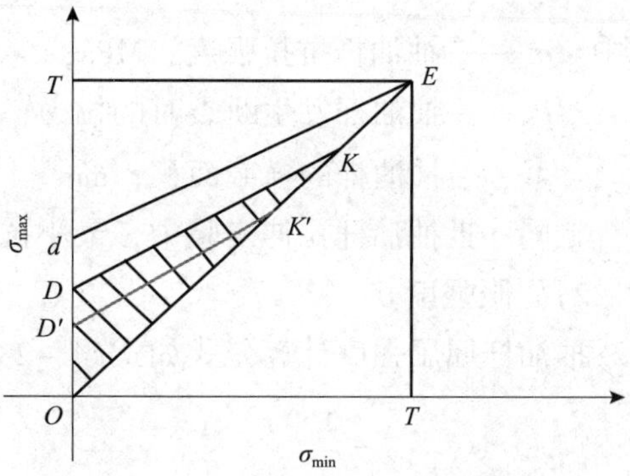

图 4－3　H 级抽油杆许用应力图

K 点移动到 K' 点，K' 点坐标为 $(T/a,\ T/a)$，则 $D'K'$ 线为 API 规定 H 级抽油杆的许用最大疲劳应力线。

$D'K'$ 线的斜率如式(4－17)所示：

$$\frac{T/a-T/(2K)}{T/a-0}=1-\frac{a}{2K} \tag{4-17}$$

故 $D'K'$ 线的方程如式(4－18)所示：

$$\sigma_{max}=\frac{T}{2K}+\left(1-\frac{a}{2K}\right)\sigma_{min} \tag{4-18}$$

记抽油杆的最大许用应力为 σ_{all}，则当抽油杆的最大工作应力达到许用最大应力时，有式(4－19)：

$$\sigma_{max}=\sigma_{all} \tag{4-19}$$

故可得式(4－20)：

$$\sigma_{all}=\frac{T}{2K}+\left(1-\frac{a}{2K}\right)\sigma_{min} \tag{4-20}$$

考虑油井的腐蚀性，则可得式(4－21)：

$$\sigma_{all}=\left[\frac{T}{2K}+\left(1-\frac{a}{2K}\right)\sigma_{min}\right]\cdot\overline{SF} \tag{4-21}$$

式中　σ_{all}——抽油杆许用最大应力，MPa；

T——抽油杆最小抗拉强度，MPa；

a——抽油杆最小抗拉强度与屈服强度的比值，小数；

K——安全系数，实数；

σ_{min}——抽油杆最小工作应力，MPa；

$\overline{SF}$——腐蚀系数，一般情况下取$\overline{SF}=0.8\sim1.0$。

式(4－21)即H级抽油杆许用最大应力计算公式。

2. 模型参数的求取

1)最小抗拉强度T

通过对抽油杆做抗拉实验，可以得到H级抽油杆抗拉强度σ_b(MPa)、最小抗拉强度T(MPa)等。实验内容参考第2章2.1.2节。

其计算公式如式(4－22)所示：

$$\sigma_b=\frac{P_b}{A_0} \tag{4-22}$$

式中　σ_b——抽油杆抗拉强度，MPa；

P_b——抽油杆发生断裂时的拉力，MPa；

A_0——抽油杆的横截面积，mm^2。

在同一批抽油杆拉伸实验中，最小抗拉强度记为T，即所求参数。

2)屈服强度σ_s

抽油杆屈服强度计算公式如式(4－23)所示：

$$\sigma_s=\frac{P_s}{A_0} \tag{4-23}$$

式中　σ_s——抽油杆屈服强度，MPa；

P_s——抽油杆发生屈服变形时的拉力，MPa；

A_0——抽油杆的横截面积，mm^2。

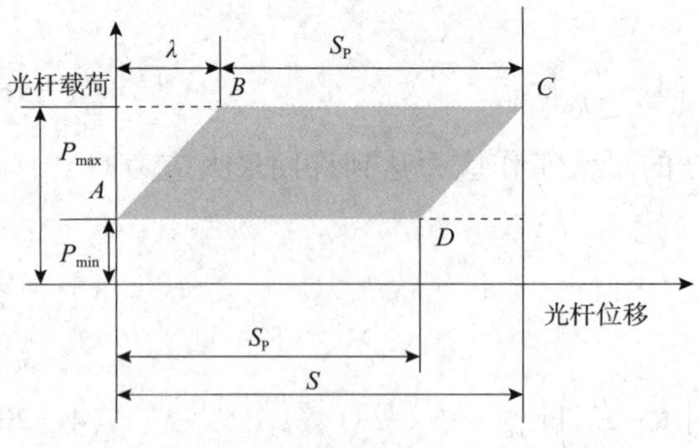

图4－4　油井理论示功图

3)悬点载荷

悬点载荷可由示功图读出。示功图是由载荷随位移的变化关系曲线所构成的封闭曲线图，表示悬点载荷随位移变化关系的示功图称为地面示功图或光杆示功图。在实际工作中以实测地面示功图作为分析油井工作状况的主要依据。油井理论示功图如图4－4所示。

从示功图中，我们可以得到悬点最大载荷和悬点最小载荷。

(1)悬点最大载荷。

抽油机的悬点最大载荷是计算抽油机载荷利用率，以及判断抽油杆是否在安全条件下工作的重要指标之一。悬点最大载荷通过光杆示功图按式(4－24)计算：

$$P_{max}=F_d\cdot h_x \tag{4-24}$$

式中　P_{max}——悬点最大载荷，N；

F_d——光杆示功图力比，N/mm；

h_x——示功图上载荷线的峰值点（图中的 B 点）至基线的距离，mm。

如果纵坐标直接是载荷，则在图4－4上读出的最大纵坐标值即悬点最大载荷 P_{max}。

（2）悬点最小载荷。

抽油机的悬点最小载荷是计算抽油杆应力等参数的重要资料之一。悬点最小载荷通过光杆示功图按式（4－25）计算：

$$P_{min}=F_d\cdot h_n \tag{4-25}$$

式中　P_{min}——悬点最小载荷，N；

h_n——示功图上载荷线的谷值点（图中的 D 点）至基线的距离，mm。

4）安全系数 K

如前所述，抽油杆用钢属于高强度钢，脆性极好，因此安全系数在2.0～4.0。

（1）计算方法一。

根据《安全系数和许用应力》（徐灏著，1981年）中介绍，安全系数 K 与材料的应力集中系数、尺寸系数及表面系数有关，具体表达式如式（4－26）所示：

$$K=\frac{K_\sigma}{\varepsilon_\sigma\beta} \tag{4-26}$$

式中　ε_σ——尺寸系数，小数；

β——表面系数，小数；

K_σ——应力集中系数，小数。

应力集中系数 K_σ 与材料的结构有关，根据抽油杆的结构，其变化情况如图4－5所示。

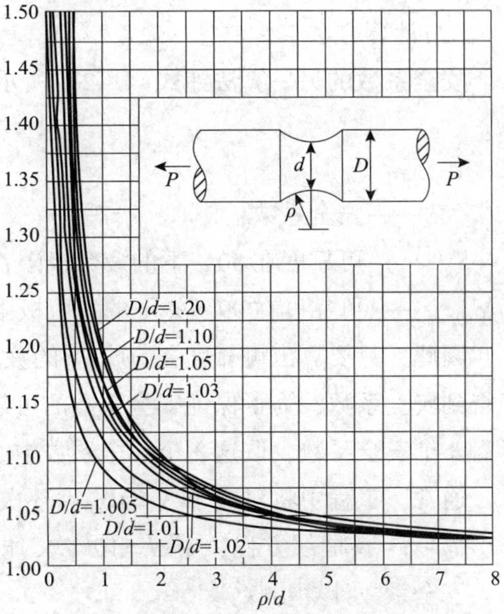

图4－5　有大环形槽的轴拉伸时的理论应力集中系数变化情况

尺寸系数 ε_σ 与材料的尺寸有关，抽油杆的尺寸影响因素主要是其直径。材料的绝对尺寸影响系数如表4－4所示。

表4－4　材料的绝对尺寸影响系数

直径 d/mm	<20	20～30	30～40	40～50	50～60	60～70	70～80	80～100
碳钢	0.95	0.91	0.88	0.84	0.81	0.78	0.75	0.73
合金钢	0.90	0.83	0.77	0.73	0.70	0.68	0.66	0.64

表面系数 β 与材料的表面粗糙度有关，其变化情况如图4－6所示。

表面粗糙度是反映零件表面微观几何形状误差的一个重要指标，其值愈大，表面的沟痕愈深，纹底半径愈小，应力集中愈严重，抗疲劳破坏的能力愈差。

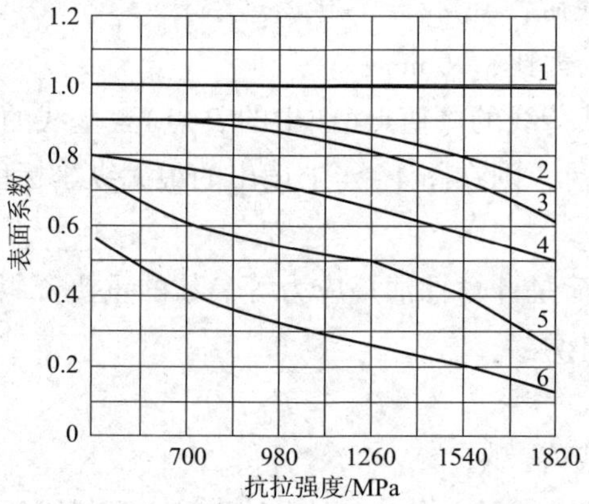

图 4－6　材料表面系数变化情况

1—抛光；2—精磨；3—磨；4—精加工；5—热轧；6—锻造

(2)计算方法二。

安全系数的另一算法如式(4－27)所示：

$$K=\frac{S_{50\%}}{S_{99.9\%}} \tag{4-27}$$

式中　K——安全系数；

$S_{50\%}$——可靠度在 50% 下的疲劳极限；

$S_{99.9\%}$——可靠度在 99.9% 下的疲劳极限。

因此，只要算出可靠度在 50% 下的疲劳极限和可靠度在 99.9% 下的疲劳极限，就可以得到安全系数，为了保证安全系数的可靠性，通常至少取 3 个应力比做实验，这样就会算得 3 个安全系数，取这 3 个安全系数中的最大值作为抽油杆的最终安全系数。

通常，工程中将对应于 $N=10^7$ 循环次数(次)的应力定义为疲劳极限。因此，只要拟合出 $P-S-N$ 曲线方程，令 $N=10^7$ 次，即可求得对应可靠度下的疲劳极限。

安全系数计算步骤：

取应力比 R 为 0.1、0.33、0.75，测定每个应力比下的 $P-S-N$ 曲线，每条 $P-S-N$ 曲线至少测定 3 个应力水平试样的寿命。每个应力水平的测试结果至少有 5 个有效实验数据。

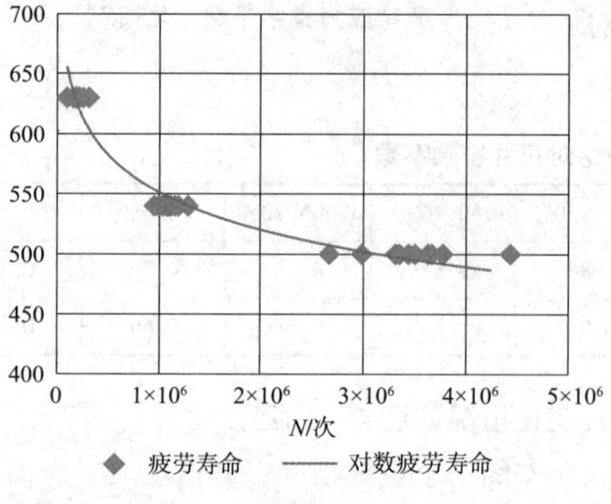

图 4－7　某 HL 级抽油杆 $P-S-N$ 曲线

通常在等幅疲劳成组实验中，在每一个应力水平上都用一组相同的试件做疲劳实验，得到一组疲劳数据。对各级应力水平下疲劳寿命分布曲线上可靠度相同的百分位点进行曲线拟合，就得到给定可靠度的一组 $P-S-N$ 曲线(图 4－7)。

采用最小二乘法进行直线拟合。首先

进行数据筛选，对每个应力水平下的疲劳寿命数据进行处理，求出其平均值、标准差，采用比较常用的格拉布斯检验法进行筛选，对每一个疲劳寿命，计算出其格拉布斯统计量 $G_n=(x_i-\bar{x})/s$ 的绝对值，与临界值进行比较，若大于临界值，则该疲劳寿命为异常值，进行剔除，否则为有效值。

接着求出每个应力水平下对应可靠度的对数疲劳寿命，可靠度与正态偏量有关，通过正态偏量表可以查得每个正态偏量下对应的置信概率。

最后进行直线拟合。共有3组应力水平，每组应力水平下有对应可靠度的对数疲劳寿命，将3组对数应力水平和对应可靠度的对数疲劳寿命组合起来解正规方程组，就可以得到拟合的直线方程，稍加变形即可得到对应可靠度下的幂函数方程，即 $P-S-N$ 曲线方程。

其他应力比下的曲线拟合与上述方法相同。

5）a

a 表示最小抗拉强度 T 与屈服强度 σ_s 的比值，与抽油杆本身性质有关。已知抽油杆最小抗拉强度 T 和屈服强度 σ_s，通过计算即可得出其值，如式(4－28)所示。

$$a=\frac{T}{\sigma_s} \tag{4-28}$$

6）腐蚀系数 $\overline{SF}$

抽油杆在使用时受到周围流体的影响，许用应力会有所下降。考虑到流体腐蚀性而附加的系数称为腐蚀系数，其值小于或等于1，一般在0.7～1.0。

$\overline{SF}$ 在使用时可参考表4－5来选值。

表4－5　抽油杆腐蚀系数参考表

钢　级	工作介质性质			适用条件	抗拉强度/MPa
	无腐蚀	盐水	含 H_2S		
K级	1.0	<1.0	<1.0	轻、小载荷	570～610
C级	1.0	0.65	0.5	轻、中载荷	610～794
D级	1.0	0.9	0.7	中、重载荷	794～980
H级	1.0	<1.0	<1.0	重、高载荷	980～1136

4.2.4　许用应力计算实例及影响因素分析

1. 基础数据的求取

设计中用到以下基础数据：悬点最大载荷 P_{max}(kN)、悬点最小载荷 P_{min}(kN)、H级抽油杆抗拉强度 σ_b(MPa)、最小抗拉强度 T(MPa)、抽油杆屈服强度 σ_s(MPa)、安全系数 K(实数)和腐蚀系数 $\overline{SF}$(实数)。

以长庆油田4口水平井为例，其基础数据如表4－6所示。

表 4－6　4 口水平井基础数据

井　号	完井日期	井深/m	油层层位	冲程、冲次、泵径、泵深组合	抽油机型号
H1 井	2011－9－24	2130	延 10	2.5×5×32×1200	CYJY5－1.8－13HF
H2 井	2011－7－26	2003	延 10	2.5×5×32×1300	CYJY5－1.8－13HF
H3 井	2011－5－10	1968	延 10	2.5×5×32×1150	CYJY5－1.8－13HF
H4 井	2011－6－13	1871	延 10	2.5×3.5×32×1300	CYJY5－1.8－13HF

1) 悬点载荷

4 口水平井示功图如图 4－8 所示。

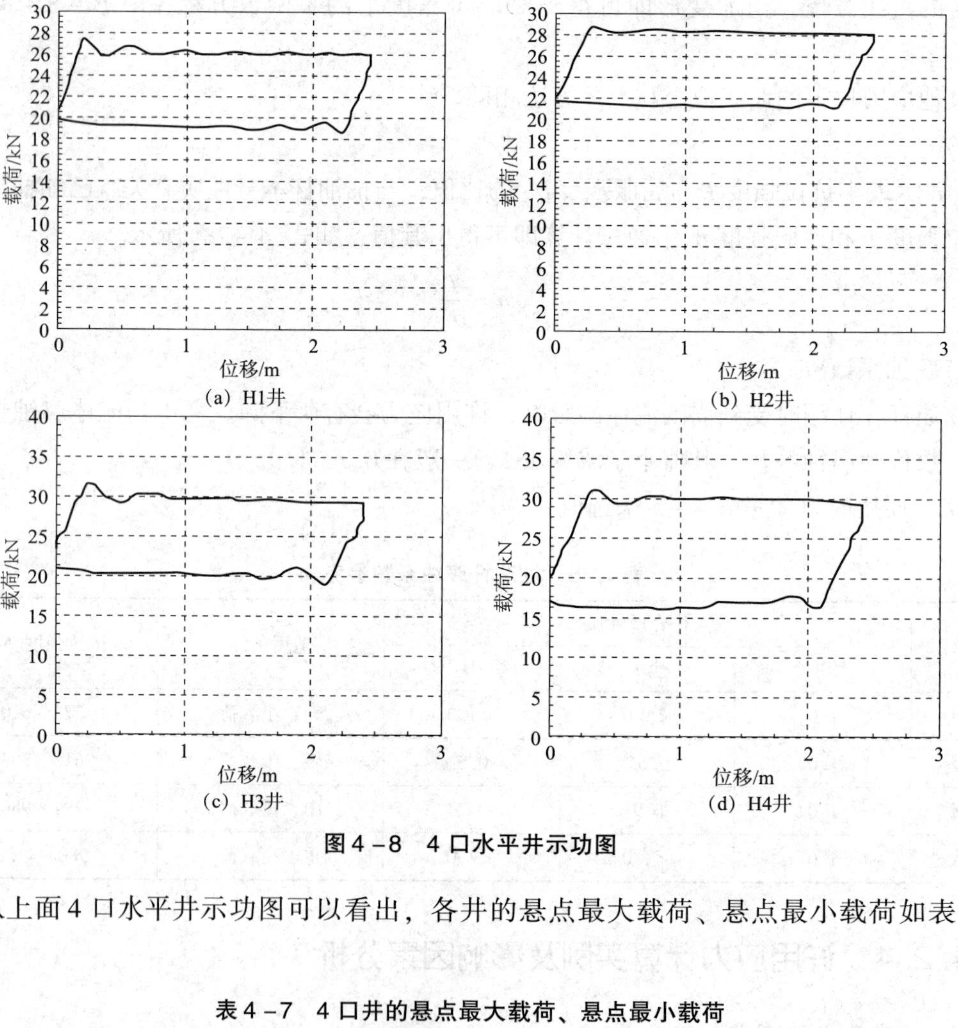

图 4－8　4 口水平井示功图

从上面 4 口水平井示功图可以看出，各井的悬点最大载荷、悬点最小载荷如表 4－7 所示。

表 4－7　4 口井的悬点最大载荷、悬点最小载荷

井　号	悬点最大载荷 P_{max}/kN	悬点最小载荷 P_{min}/kN
H1 井	27.58	18.59
H2 井	28.88	21.03
H3 井	31.71	18.93
H4 井	31.44	16.13

2）抗拉强度 σ 和最小抗拉强度 T

设某一品牌 H 级抽油杆实验数据如表 4－8 所示。

表 4－8　H 级抽油杆实验数据

序　号	d/mm	F/kN	σ/MPa
1	19.02	290.01	1021.23
2	19.07	290.81	1018.17
3	19.00	291.28	1027.35
4	19.06	292.19	1024.59
5	19.02	291.73	1026.76
6	19.03	291.45	1025.22
7	19.00	290.07	1023.59
8	19.02	291.42	1025.57
9	18.99	290.44	1025.98
抗拉强度	$\sigma_b = 1024.27$MPa，$T = 1018.17$MPa		
标准偏差	$s = 9.18$MPa		

表 4－8 中，d 为抽油杆直径；F 为抽油杆断裂时的拉力；σ 为抗拉强度。一共列出了 9 组实验数据，通过实验数据可以看出，H 级抽油杆抗拉强度 σ_b 为 1024.27MPa，最小抗拉强度 T 为 1018.17MPa。

3）屈服强度 σ_s

本次实验假定从拉伸实验曲线得到抽油杆屈服强度 σ_s 为 795MPa。

4）a

已知抽油杆最小抗拉强度 T 和屈服强度 σ_s，通过计算即可得出 a 值，如式（4－29）所示：

$$a = \frac{T}{\sigma_s} = \frac{1018.17}{795} = 1.28 \tag{4-29}$$

5）安全系数 K、腐蚀系数 $\overline{SF}$

抽油杆用钢属于高强度钢，脆性极好，安全系数在 2.0～4.0。

本次实验取安全系数 K 为 4.0。

抽油杆在使用时受到周围流体的影响，许用应力会有所下降。考虑到流体腐蚀而附加的系数称为腐蚀系数，其值小于或等于 1，一般在 0.7～1.0。对 H 级抽油杆来说，一般取 0.8 即可满足实际需求。

本次实验取腐蚀系数 $\overline{SF}$ 为 0.8。

2. 计算许用最大应力

由悬点最大载荷、悬点最小载荷可以计算出最大应力、最小应力，即 $\sigma_{max} = P_{max}/f_r$，$\sigma_{min} = P_{min}/f_r$。其中，最上级抽油杆直径 19mm，截面积 $f_r = 3.14d^2/4 = 283.385\text{mm}^2$。最大应力、最小应力如表 4－9 所示。

表 4-9　4 口水平井最大应力、最小应力

井　号	悬点最大载荷 P_{max}/kN	悬点最小载荷 P_{min}/kN	最大应力 σ_{max}/MPa	最小应力 σ_{min}/MPa
H1 井	27.58	18.59	97.32	65.60
H2 井	28.88	21.03	101.91	74.21
H3 井	31.71	18.93	111.90	66.80
H4 井	31.44	16.13	110.94	56.92

将 4 口水平井的最小应力分别代入许用最大应力模型，由以上数据可以算出，4 口水平井的最大应力均小于其许用最大应力，即满足强度校核条件 $\sigma_{max} \leqslant \sigma_{all}$。4 口水平井抽油杆的许用最大应力如表 4-10 所示。

表 4-10　4 口水平井抽油杆的许用最大应力

井　号	最大应力 σ_{max}/MPa	最小应力 σ_{min}/MPa	许用最大应力 σ_{all}/MPa
H1 井	97.32	65.60	145.9032
H2 井	101.91	74.21	151.6891
H3 井	111.90	66.80	146.7096
H4 井	110.94	56.92	140.0702

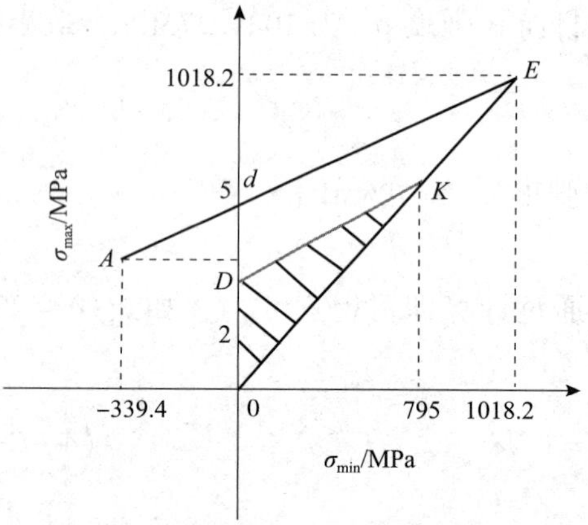

图 4-9　H 级抽油杆修正的古德曼应力图

3. 画出修正的 API 古德曼应力图

在古德曼应力图中，A 点坐标为$(-T/3, T/3)=(-339.4, 339.4)$，$d$ 点坐标为$(0, T/2)=(0, 509.1)$，E 点坐标为$(T, T)=(1018.2, 1018.2)$，表示抽油杆的抗拉极限，连接 A、d、E 点，AdE 线即抽油杆最大疲劳极限线。在许用最大应力线上，D 点坐标为$(0, T \cdot \overline{SF}/4)=(0, 203.6)$，$K$ 点坐标为$(\sigma_s, \sigma_s)=(795, 795)$，表示抽油杆的屈服极限，连接 D、K 点，DK 线即抽油杆的许用最大应力线，如图 4-9 所示。

根据强度校核准则，抽油杆的最大应力小于其许用应力。只要抽油杆柱的应力点落在许用应力围成的区域内，抽油杆就不发生疲劳破坏，其工作就是安全的。

4. 影响因素分析

1)应力比

应力比 R 是最小应力 σ_{min} 与最大应力 σ_{max} 的比值，即 $R=\sigma_{min}/\sigma_{max}$，当最大应力一定的情况下，应力比越大，抽油杆最小应力越大。由于许用最大应力与抽油杆的最小应力有关，因此应力比对许用最大应力的影响本质上是通过最小应力来影响的。

由 $R=\sigma_{min}/\sigma_{max}$，得 $\sigma_{min}=R \cdot \sigma_{max}$。

取几个特殊值，如表 4-11 所示。

表 4－11　不同应力比下的许用最大应力计算

最大应力 σ_{max}/MPa	最小应力 σ_{min}/MPa	应力比 R	许用最大应力 σ_{all}/MPa
100	40	0.4	128.70
100	50	0.5	135.42
100	60	0.6	142.14
100	70	0.7	148.86
100	80	0.8	155.58

由表 4－11 可以看出，最大应力 σ_{max} 一定时，应力比 R 越大，许用最大应力越大，两者具有线性关系。

当最大应力、最小应力都发生变化时，从古德曼应力图上也可以看出，许用最大应力线 DK 上 D 点的应力比 $R=0$，K 点的应力比 $R=1$，从 D 点到 K 点，应力比从 0 增加到 1，许用最大应力也沿坐标轴线性增加，如图 4－10 所示。

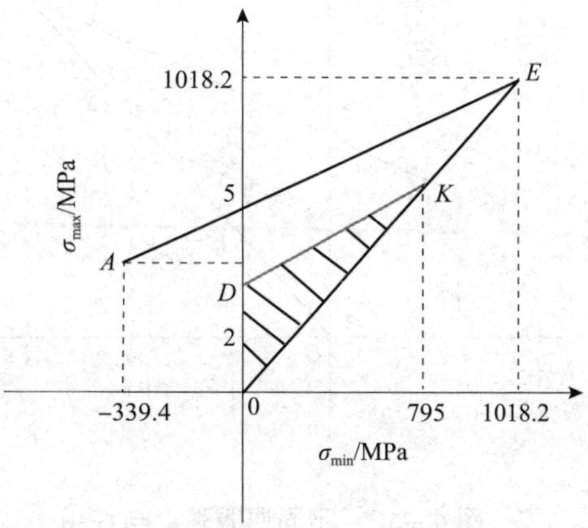

图 4－10　应力比与许用最大应力关系

2）最小抗拉强度

在 $\sigma_{max}-\sigma_{min}$ 坐标系中，许用最大应力线在纵轴上的截距为 $T\cdot\overline{SF}/(2K)$，最小抗拉强度 T 影响的是许用最大应力线在纵轴上的截距。由于抗拉强度和屈服强度之间存在一定的关系，通常是正相关的，因此抗拉强度变化时，许用最大应力线斜率几乎不变。最小抗拉强度越大，截距越大。取几个最小抗拉强度值，许用最大应力具体变化如表 4－12 所示。

表 4－12　不同抗拉强度下的许用最大应力计算

最小抗拉强度 T/MPa	许用最大应力 σ_{all}/MPa
1100	$\sigma_{all}=110+0.672\sigma_{min}$
1000	$\sigma_{all}=100+0.672\sigma_{min}$
900	$\sigma_{all}=90+0.672\sigma_{min}$

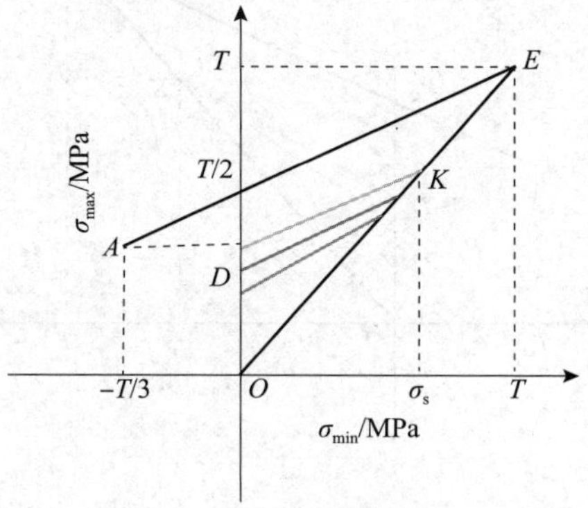

图 4－11　不同抗拉强度与许用最大应力关系

由此可见，随着最小抗拉强度变小，许用最大应力逐渐变小，其变化趋势如图 4－11 所示。

3）屈服强度

为了保证抽油杆正常工作，其许用最大应力必须小于其屈服强度。由古德曼应力图可以看出，在 $\sigma_{max}-\sigma_{min}$ 坐标系中，许用最大应力线与最小疲劳极限线 OE 的交点为 K，K 点坐标为（σ_s，σ_s）。取几个屈服强度值，抽油杆最小应力取 60MPa，许用最大应力具体变化如表 4－13 所示。

表 4－13　不同屈服强度下的许用最大应力计算

屈服强度 σ_s/MPa	许用最大应力 σ_{all}/MPa
750	138.3
800	139.4
850	140.3

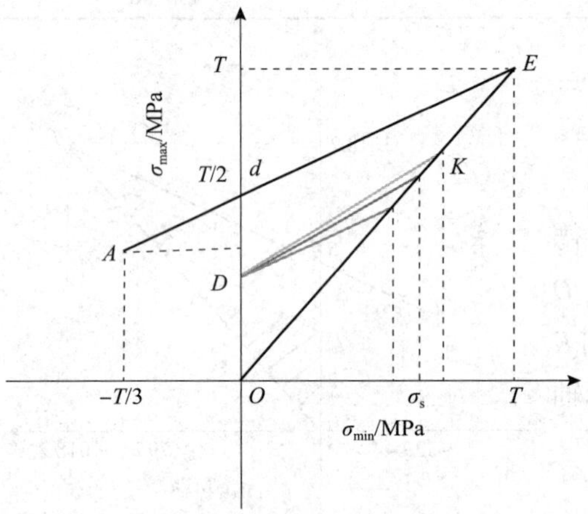

图 4－12　不同屈服强度与许用最大应力关系

因此，屈服强度 σ_s 变大，许用最大应力线的斜率也随着变大，*K* 点就沿 *OE* 线向上移动，相应围成的许用应力区域就变大，如图 4－12 所示。

4）安全系数

疲劳极限除以安全系数即许用最大应力，因此在 $\sigma_{max}-\sigma_{min}$ 坐标系中，许用最大应力线在纵轴上的截距为 $OD=Od/K=T\cdot\overline{SF}/(2K)$。在其他条件不变的情况下，安全系数越大，截距越小，许用应力区域相应变小，抽油杆使用就越安全，若安全系数过大，抽油杆设计就会受到较大限制，从而浪费抽油杆的潜能。取几个安全系数值，许用最大应力具体变化如表 4－14 所示。

表 4－14　不同安全系数下的许用最大应力计算

安全系数 *K*	许用最大应力 σ_{all}/MPa
2.0	201
3.0	159
4.0	132

由表 4－14 可以看出，随着安全系数的增加，许用最大应力线在纵轴上的截距减小，斜率增加。安全系数对许用最大应力的影响示意图如图 4－13 所示（*DK* 线从上往下安全系数依次增大）。

5）腐蚀系数

腐蚀系数同样影响许用最大应力的值，在实际应用中，根据所取腐蚀系数 $\overline{SF}$ 的大小，按比例将 *DK* 线向下平移即可得到考虑腐蚀系数后的许用最大应力线。取腐蚀系数 $\overline{SF}$ 分别为 1.0、0.8、0.6，许用最大应力具体变化如表 4－15 所示。

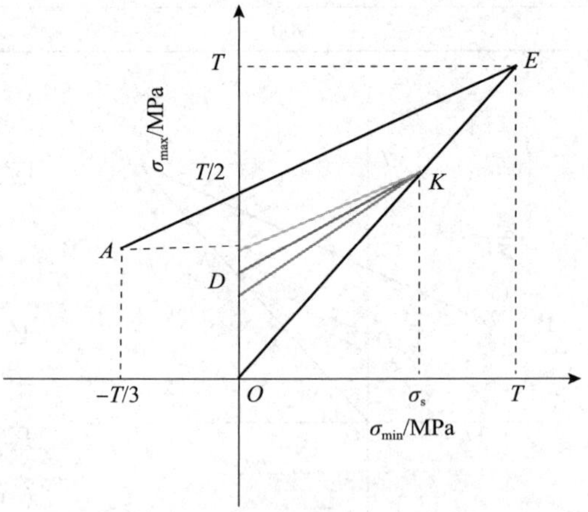

图 4－13　不同安全系数与许用最大应力关系

表 4-15　不同腐蚀系数下的许用最大应力计算

腐蚀系数 $\overline{SF}$	许用最大应力 σ_{all}/MPa
1.0	165
0.8	132
0.6	99

由表 4-15 可以看出，随着腐蚀系数的减小，许用最大应力按比例减小。将其分别画在修正的古德曼应力图中，如图 4-14 所示(从上往下腐蚀系数依次变小)。

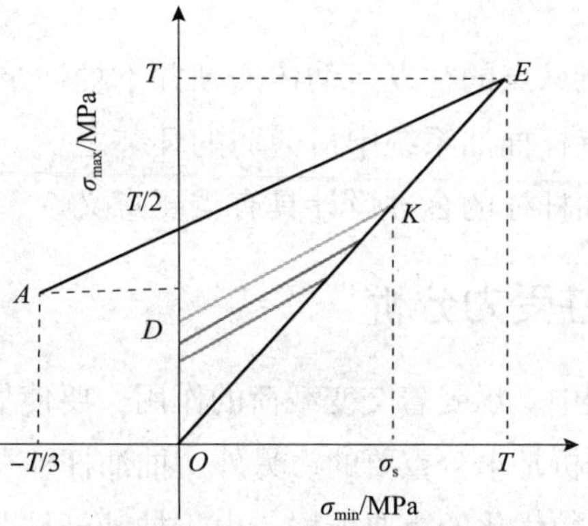

图 4-14　不同腐蚀系数与许用最大应力关系

随着腐蚀系数的增大，许用最大应力按比例变小，许用最大应力线平行下移，其围成的许用应力区域 *ODK* 迅速减小，且减小速率远大于抗拉强度、屈服强度及安全系数的影响速率，过小的许用应力区域会对抽油杆设计造成严重的限制，使抽油杆的使用潜能得不到充分发挥。因此，为了保证有充足的许用应力区域，通常腐蚀系数不能取得太小。

第 5 章　定向井抽油杆柱受力分析

5.1　定向井抽油杆柱载荷计算

抽油杆柱是将抽油机悬点的往复运动传递到井下抽油泵的中间部分，是有杆抽油系统的重要组成部分，也是有杆抽油系统中最薄弱的环节之一。因此，对抽油杆柱进行受力分析、计算其载荷，对抽油杆柱的合理设计具有重要意义。

5.1.1　抽油杆柱受力分析

抽油杆柱在工作过程中，承受着交变载荷的作用，要使抽油杆柱设计合理，能够安全有效地工作，其受力状况分析是十分重要的。另外，抽油杆柱在抽油过程中的受力状况也是抽油机井工况分析和生产参数优化的重要依据。由于抽油杆柱基本处于受拉状态，为了便于分析，假定受力方向向上为正。同时，为了研究抽油杆柱受力状况，作出如下简化假设条件：

(1)假设抽油机各杆件为刚性体，不考虑其部件弹性变形。

(2)电机匀速转动，曲柄转角速度为常数。

(3)假设抽油杆柱为线弹性体，服从胡克定律。

(4)不考虑油管、液柱和抽油杆柱的耦合振动。

(5)抽油杆柱界面呈圆形，且同一级抽油杆柱，其截面积不变。

对定向井抽油杆柱在上、下冲程中的受力状况进行分析，其受力分析如图 5－1 所示。

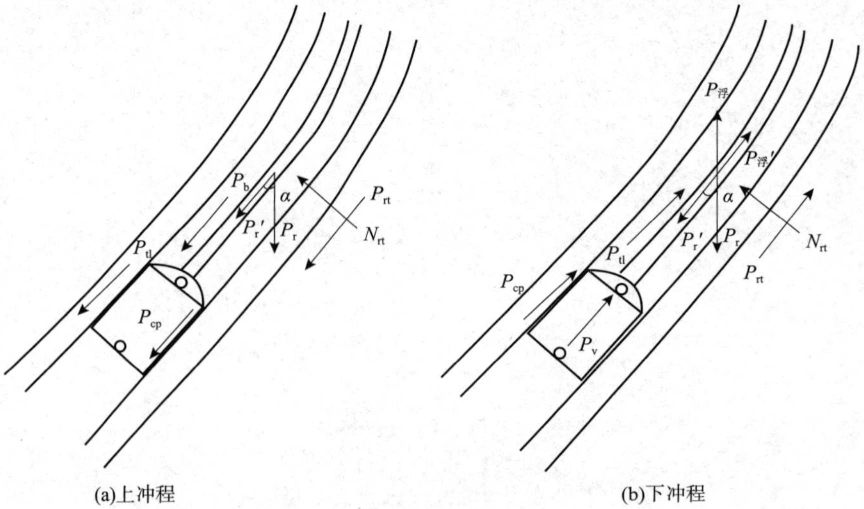

图 5－1　上、下冲程抽油杆柱受力分析

如图5－1所示，抽油杆柱主要受到以下几种载荷作用：

1. 静载荷

1）抽油杆柱的重力 P_r

驴头上下运动时，带动抽油杆往复运动，所以抽油杆柱的重力始终作用在驴头上。重力载荷沿整个抽油杆柱均匀分布，方向垂直向下。

2）抽油杆柱所受浮力 $P_{浮}$

下冲程中，抽油杆柱受油管内液体浮力的作用，方向与重力方向相反，垂直向上，浮力大小根据浮力定律计算。

3）液柱载荷 P_b

液柱载荷在上冲程中，由于游动阀关闭，因此集中作用于柱塞上，与抽油杆柱的运动方向相反，方向向下。下冲程中，由于游动阀打开，该载荷为零。

4）沉没压力（泵口压力）对载荷影响

上冲程中，在沉没压力作用下，井内液体克服泵的入口设备的阻力进入泵内，此时液流所具有的压力称为吸入压力。此压力作用在柱塞底部而产生向上的载荷。

$$P_i = p_i f_p = (p_n - \Delta p_i) f_p \tag{5-1}$$

式中 P_i——吸入压力 p_i 作用在活塞上产生的载荷，N；

p_i——吸入压力，Pa；

f_p——柱塞截面积，m^2；

p_n——沉没压力，Pa；

Δp_i——流体通过泵的入口设备产生的压力降，Pa。

下冲程中，吸入阀关闭，沉没压力对载荷没有影响。

5）井口回压对载荷影响

液流在地面管线中的流动阻力所造成的井口回压对悬点产生附加的载荷，其性质与油管内液体产生的载荷相同。上冲程中增加悬点载荷，下冲程中减小抽油杆柱载荷。

$$P_{hu} = p_h (f_p - f_r) \tag{5-2}$$

$$P_{hd} = p_h f_r \tag{5-3}$$

式中 P_{hu}——井口回压在上冲程中造成的悬点载荷，N；

P_{hd}——井口回压在下冲程中造成的悬点载荷，N；

p_h——井口回压，Pa；

f_r——抽油杆截面积，m^2。

由于沉没压力和井口回压在上冲程中造成的载荷方向相反，可以相互抵消一部分，加之它们本身就很小，所以一般在载荷计算中可以忽略这两项。

2. 动载荷

抽油杆柱所受的动载荷主要是由抽油杆柱的非匀速运动引起的，包括惯性载荷和振动载荷。

1) 惯性载荷

抽油机运转时，驴头带着抽油杆柱和液柱做变速运动，因而产生抽油杆柱和液柱的惯性力。如果忽略抽油杆柱和液柱的弹性影响，则可以认为抽油杆柱和液柱各点的运动规律和悬点完全一致。所以，产生的惯性力除了与抽油杆柱和液柱的质量有关，还与悬点加速度的大小成正比，其方向与加速度方向相反。

驴头在工作时，悬点加速度在上、下冲程中，大小和方向是变化的。因而，作用在悬点上的惯性载荷的大小和方向也将随悬点加速度的变化而变化。因假定向上为坐标的正方向，所以加速度为正时，加速度方向向上；加速度为负时，加速度方向向下。上冲程中，前半冲程加速度为正，即加速度方向向上，则惯性力向下，从而增加悬点载荷；后半冲程加速度为负，即加速度向下，则惯性力向上，从而减小悬点载荷。下冲程中，情况刚好相反，前半冲程惯性力向上，减小悬点载荷；后半冲程惯性力向下，增大悬点载荷。

由于最大加速度发生在上死点和下死点处，因此抽油杆柱和液柱的最大惯性载荷也发生在上死点和下死点处。

2) 振动载荷

抽油杆柱本身为长达数千米的弹性体，由于抽油杆柱做变速运动和液柱载荷周期性地作用于抽油杆柱，从而引起抽油杆柱的弹性振动，因此不可避免地产生振动载荷。振动载荷的大小和方向也是变化的，大小与抽油杆柱的长度、载荷变化周期及抽油机的结构相关。根据现场经验，当抽油机冲次较低时，振动载荷一般可忽略不计。

3. 摩擦载荷

在直井中，无论是稠油还是稀油，摩擦载荷由于数值较小，均可忽略。但是，对于高黏度定向井，摩擦载荷的值将大幅增加，无法忽略。抽油机在工作过程中受到的摩擦载荷主要包括机械摩擦载荷和液体摩擦载荷两部分，方向均与抽油杆柱的运动方向相反。

1) 机械摩擦载荷

机械摩擦载荷主要有抽油杆柱与油管间的摩擦力 P_{rt}、柱塞与衬套间的摩擦力 P_{cp}，其大小根据摩擦定律计算得出。

2) 液体摩擦载荷

液体摩擦载荷在上冲程、下冲程中各不相同，主要有液柱与抽油杆柱间的摩擦力 P_{rl}、液柱与油管间的摩擦力 P_{tl}及液体通过游动阀的摩擦力 P_v。在稠油井载荷计算中，必须考虑由液体摩擦引起的摩擦载荷。

4. 其他载荷

一般情况下，抽油杆柱载荷、作用在柱塞上的液柱载荷及惯性载荷是构成悬点载荷的三项基本载荷，但在稠油井内的摩擦载荷及大沉没度井中的沉没压力对载荷的影响也是不可忽略的。

除上述各种载荷外，在抽油过程中尚有其他一些载荷，如在低沉没度井内，由于泵的充满程度差，会发生柱塞与泵内液面的撞击，产生较大冲击载荷，从而影响悬点载荷。各种原因产生的撞击，虽然可能会造成较大的悬点载荷，是抽油中的不利因素，但在设计计算时尚无法预计，故在计算悬点载荷时都不予以考虑。

5.1.2　抽油杆柱受力计算

由于定向井井眼轨迹为三维空间曲线，受到井眼轨迹的影响，抽油杆柱在井眼内呈曲线状态，抽油杆柱轴线也是一条空间曲线，在工作过程中，抽油杆柱轴线的运动轨迹也是随时变化的，抽油杆柱的受力状况随着井斜角与方位角的变化而变化。因此，抽油杆柱载荷计算较为复杂，这给抽油杆柱的设计带来了较大的困难。由于井斜角的变化，定向井抽油杆柱轴向载荷计算可采用分段叠加法。

将抽油杆柱自上而下分成若干个小段，通过对抽油杆柱的任一微元段进行受力分析，分析定向井中抽油杆柱的自身重力、所受液柱载荷，杆管间的摩擦力，液体的黏滞阻力及阀的水力阻力等多种作用力，如图5－2所示。由载荷分析和力的平衡原理建立数学模型，从而计算抽油杆柱上任意点处的载荷，递推出抽油杆柱各处的受力情况。

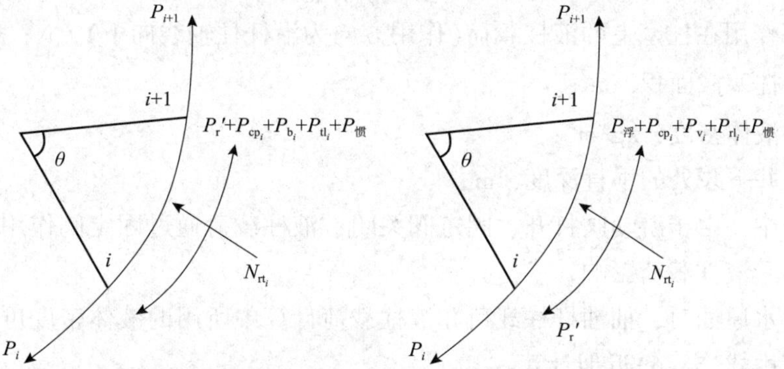

(a)上冲程　　(b)下冲程

图5－2　上、下冲程抽油杆柱微元段受力分析

1. 上冲程抽油杆柱载荷计算

1)抽油杆柱的载荷

在上冲程中，抽油泵的游动阀关闭、固定阀打开，抽油杆柱不受管内液体浮力的作用，所以以在一段任意井深处的长为 ΔL 的抽油杆柱为研究对象进行分析，上冲程中作用在该段抽油杆柱上的载荷为杆柱在空气中的重力，如式(5－4)所示：

$$P_r' = P_r\cos\alpha = f_r\rho_s g\Delta L\cos\alpha = q_r g\Delta L\cos\alpha \tag{5-4}$$

式中　P_r'——上冲程中抽油杆柱轴向上的重力分力，N；

P_r——抽油杆柱在空气中的重力，N；

g——重力加速度，m/s^2；

f_r——抽油杆柱截面积，m^2；

ρ_s——抽油杆材料(钢)的密度，一般取 $\rho_s = 7850$kg/m^3；

ΔL——抽油杆柱的长度，m；

q_r——每米抽油杆的质量，kg/m；

α——井斜角，(°)。

抽油杆质量如表 5 – 1 所示。

表 5 – 1　抽油杆质量

抽油杆直径/mm	不考虑接箍时质量/(kg/m)	考虑接箍时质量/(kg/m)
16	1.64	1.73
19	2.30	2.43
22	3.07	3.23
25	4.13	4.39

2)作用在柱塞上的液柱载荷

在上冲程中，由于游动阀关闭，作用在柱塞上的液柱引起的载荷如式(5 – 5)所示：

$$P_b = (f_p - f_r)\rho_l gh \tag{5-5}$$

式中　P_b——作用在柱塞上的液柱载荷(作用方向为沿杆柱轴线向下)，N；

f_p——柱塞截面积，m^2；

ρ_l——液体密度，kg/m^3；

h——井下泵处的垂直深度，m。

在下冲程中，由于游动阀打开、固定阀关闭，液柱载荷通过固定阀作用在油管上，因而抽油杆柱不受液柱载荷影响。

当抽吸含水原油时，抽油杆柱载荷和液柱载荷计算中所用的液体密度可采用油水混合液的密度，可由式(5 – 6)近似计算：

$$\rho_{ml} = f_w\rho_w + (1 - f_w)\rho_o \tag{5-6}$$

式中　ρ_{ml}——油水混合液的密度，kg/m^3；

ρ_o——原油密度，kg/m^3；

ρ_w——水的密度，kg/m^3；

f_w——原油体积含水率，小数。

3)惯性载荷

在上冲程中，惯性载荷主要是抽油杆柱和液柱的运动和悬点的运动不一致造成的。因此，惯性载荷包括抽油杆柱引起的惯性载荷和液柱引起的惯性载荷，如式(5 – 7)所示：

$$P_{惯上} = P_{杆柱惯上} + P_{液柱惯上} = \frac{P_r}{1440}sn^2 + \frac{P_b sn^2}{1790}\left(1 + \frac{r}{l}\right)\varepsilon \tag{5-7}$$

式中　$P_{惯上}$——抽油杆柱和液柱引起的惯性载荷(作用方向与悬点加速度方向相反)，N；

s——光杆冲程，m；

n——冲次，min^{-1}；

ε——考虑油管过流断面变化引起的液柱加速度变化系数，无量纲。

4)摩擦载荷

工作时，作用在悬点上的摩擦载荷受以下 5 个部分的影响：

(1)抽油杆柱与油管间的摩擦力 P_{rt}：在直井内，通常不超过抽油杆重量的 1.5%。

(2)柱塞与衬套间的摩擦力 P_{cp}：当泵径不超过 70mm 时，其值小于 1717N。

(3)液柱与抽油杆柱间的摩擦力 P_{rl}：除了与抽油杆柱的长度和运动速度有关，还取决于液体的黏度。

(4)液柱与油管间的摩擦力 P_{tl}：除了与液体速度有关，还取决于液体的黏度。

(5)液体通过游动阀的摩擦力 P_v：除了与阀结构有关，还取决于液体黏度和液体速度。

在上冲程中，抽油杆柱上的摩擦载荷是受(1)、(2)及(4)三项影响的，其方向向下，故增加悬点载荷。在下冲程中，抽油杆柱上的摩擦载荷是受(1)、(2)、(3)及(5)四项影响的，其方向向上，故减小悬点载荷。

在直井中，无论稠油还是稀油，油管与抽油杆柱、柱塞与衬套间的摩擦力数值都不大，均可忽略。但在稠油井内，液体摩擦所引起的摩擦载荷则是不可忽略的。

(1)抽油杆柱与油管间的摩擦力。

抽油杆柱与油管间的摩擦力可由式(5-8)表示：

$$P_{rt}=fN_{rt} \tag{5-8}$$

式中 P_{rt}——上冲程时杆柱与油管内壁间的摩擦力(作用方向为沿杆柱轴线向下)，N；

N_{rt}——抽油杆柱与油管间的挤压力，即油管对抽油杆柱的支持力，N；

f——抽油杆柱与油管内壁间的摩擦系数，一般取 0.05~0.1。

下面来分析抽油杆柱与油管间的挤压力，即油管对抽油杆柱的支持力 N_{rt}。

在三维定向井井身模型中，油管对抽油杆柱的支持力可分解在两个相互垂直的平面上，即狗腿平面和与狗腿平面相垂直的平面，如图 5-3 所示。

井眼主法线方向是 n，副法线方向是 m，其中井眼主法线方向上的斜空间面即狗腿平面，副法线方向 m 所在的斜空间面与狗腿平面正交，相应的 m 与 n 也正交。

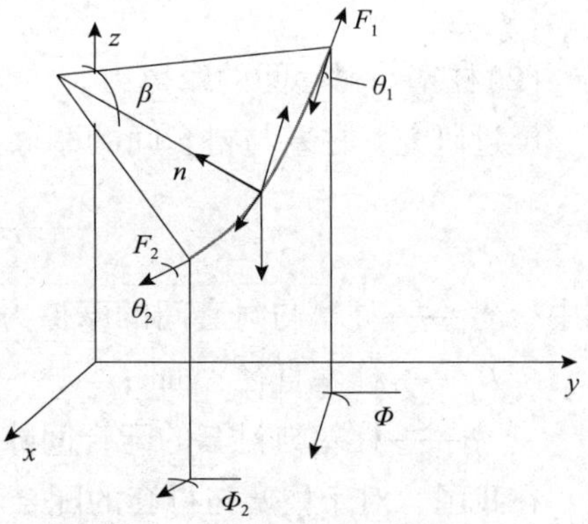

图 5-3 定向井井眼轨迹中的抽油杆柱微元段

根据几何关系，鲁宾斯基提出狗腿平面内全角 β(即狗腿角)与井斜角和方位角有式(5-9)的关系：

$$\cos\beta=\cos\alpha_1\cos\alpha_2+\sin\alpha_1\sin\alpha_2\cos(\varphi_2-\varphi_1) \tag{5-9}$$

式中 α_1、α_2、φ_1、φ_2——该井段两端的井斜角、方位角。

在狗腿平面上的侧压力 N_1 是由轴向力和抽油杆柱重力引起的。根据力的平衡原理可以得到式(5-10)：

$$N_1=(P_i+P_{i+1})\sin\frac{\beta}{2}+(P_r-P_{浮})\cos\gamma_n \tag{5-10}$$

式中　P_i、P_{i+1}——微元段两端的轴向载荷，N；

γ_n——井眼主法线方向与重力矢量间的夹角，(°)。

其中，如式(5－11)所示：

$$\cos\gamma_n = \sin\frac{\alpha_1+\alpha_2}{2}\sin\frac{\alpha_1-\alpha_2}{2}\Big/\sqrt{\frac{1-\cos\beta}{2}} \tag{5-11}$$

故可得式(5－12)：

$$N_1 = (P_i+P_{i+1})\sqrt{\frac{1-\cos\beta}{2}} + (P_r - P_{浮})\sin\frac{\alpha_1+\alpha_2}{2}\sin\frac{\alpha_1-\alpha_2}{2}\Big/\sqrt{\frac{1-\cos\beta}{2}} \tag{5-12}$$

在与狗腿平面相垂直的平面上的侧压力 N_2 只是由抽油杆柱的重力引起的。故可得式(5－13)：

$$N_2 = (P_r - P_{浮})\cos\gamma_0 \tag{5-13}$$

式中　γ_0——井眼副法线方向与重力矢量间的夹角，(°)。

其中，如式(5－14)所示：

$$\cos\gamma_0 = \sin\alpha_1\sin\alpha_2\sin(\varphi_2-\varphi_1)/\sqrt{1-\cos^2\beta} \tag{5-14}$$

故可得式(5－15)：

$$N_2 = (P_r - P_{浮})\sin\alpha_1\sin\alpha_2\sin(\varphi_2-\varphi_1)/\sqrt{1-\cos^2\beta} \tag{5-15}$$

所以，油管对抽油杆柱的支持力 N_{rt} 如式(5－16)所示：

$$N_{rt} = \sqrt{N_1^{\,2}+N_2^{\,2}} \tag{5-16}$$

(2)柱塞与衬套间的摩擦力。

经过研究，柱塞与衬套间的摩擦力可由式(5－17)表示：

$$P_{cp} = 0.94\frac{D_p}{\delta} - 140 \tag{5-17}$$

式中　P_{cp}——柱塞与衬套间的摩擦力(作用方向为沿杆柱轴线向下)，N；

D_p——柱塞直径，mm；

δ——柱塞与衬套的配合间隙，mm。

在我国，对于柱塞与衬套的配合间隙 δ 按照标准抽油泵的技术条件规定可以分为三个等级。如表5－2所示，根据泵径的大小选择合适的间隙等级。一般在现场应用中，优选配合间隙较大的等级及其间隙值。

表5－2　柱塞与衬套的配合间隙等级

等级代号	δ/mm
Ⅰ	0.02～0.07
Ⅱ	0.07～0.12
Ⅲ	0.12～0.17

(3)液柱与油管间的摩擦力。

在上冲程中，游动阀关闭，油管内的液柱随抽油杆柱和柱塞上行，液柱与油管间发生相对运动而引起的摩擦力的方向向下，故增加抽油杆柱载荷。根据高黏度抽油井现场资料(示功图)的分析可知，下冲程中液柱与抽油杆柱间的摩擦力 P_{rl}(下冲程受力计算会涉及)约为上冲程中液柱与油管间的摩擦力 P_{tl}的1.3倍。因此，可根据式(5－18)用 P_{rl}来估算 P_{tl}，即：

$$P_{tl}=\frac{P_{rl}}{1.3} \tag{5-18}$$

如果按作用在柱塞上的液体压力计算液柱载荷，且已经考虑抽吸液体在油管中的流动阻力，则不单独计算 P_{tl}。

2. 下冲程抽油杆柱载荷计算

1)抽油杆柱的重力载荷

在下冲程中，任意井深处的长为 ΔL 的抽油杆柱所受重力载荷如式(5－19)所示：

$$P_r'=P_r\cos\alpha=q_r g\Delta L\cos\alpha \tag{5-19}$$

式中 P_r'——下冲程中抽油杆柱轴向上的重力分力(与上冲程相同)，N；

P_r——抽油杆柱在空气中的重力，N；

g——重力加速度，m/s²；

q_r——每米抽油杆的质量，kg/m；

α——井斜角，(°)。

2)抽油杆柱所受浮力

在下冲程中，游动阀打开、固定阀关闭，液柱的载荷作用转移到油管底部，液体经过固定阀进入油管。油管内液体的浮力作用在抽油杆柱上，下冲程中任意井深处的长为 ΔL 的抽油杆柱所受浮力如式(5－20)所示：

$$P_{浮}=\rho_1 g f_r\Delta L\cos\alpha=P'_r\frac{\rho_1}{\rho_s} \tag{5-20}$$

式中 $P_{浮}$——下冲程中抽油杆柱的轴向浮力(作用方向为沿杆柱轴线向上)，N；

ρ_1——抽吸液体的密度，kg/m³；

ρ_s——抽油杆材料(钢)的密度，一般取 $\rho_s=7850\text{kg/m}^3$。

3)惯性载荷

由于下冲程中液柱不随悬点运动，因此下冲程的惯性载荷只由抽油杆柱引起。计算数值与上冲程中抽油杆柱引起的惯性载荷相同，作用方向与悬点加速度方向相反。

4)摩擦载荷

在下冲程中，抽油杆柱所受摩擦载荷主要由抽油杆柱与油管间的摩擦力、柱塞与衬套间的摩擦力、液柱与抽油杆柱间的摩擦力及液体通过游动阀的摩擦力组成。其中，抽油杆柱与油管间的摩擦力和柱塞与衬套间的摩擦力与上冲程分析计算方法相同，作用方向为沿杆柱轴线向上，数值与上冲程相同。下面来分析液柱与抽油杆柱间的摩擦力及液体通过游动阀的摩擦力。

(1)液柱与抽油杆柱间的摩擦力。

液柱与抽油杆柱间的摩擦发生在下冲程中，摩擦力方向向上，是稠油井内抽油杆下行遇阻的主要原因。阻力的大小随抽油杆柱的下行速度而变化，其最大值可由近似公式(5-21)来表示：

$$P_{rl}=2\pi\mu L\left[\frac{m^2-1}{(m^2+1)\ln m-(m^2-1)}\right]v_{max} \tag{5-21}$$

式中 P_{rl}——液柱与抽油杆柱间的摩擦力，N；

L——抽油杆柱的长度，m；

μ——井内液体的黏度，mPa·s；

m——油管内径与抽油杆柱直径之比，$m=d_t/d_r$；

d_t——油管内径，mm；

d_r——抽油杆直径，mm；

v_{max}——抽油杆柱的最大下行速度，m/s。

令 $K_r=\frac{(m^2+1)\ln m-(m^2-1)}{m^2-1}$，则 $P_{rl}=\frac{2\pi\mu L}{K_r}v_{max}$。

v_{max}可按悬点最大运动速度来计算，计算时把悬点看作简谐运动，可采用近似公式(5-22)来计算：

$$v_{max}=\frac{s}{2}\omega=\frac{\pi sn}{60} \tag{5-22}$$

式中 ω——曲柄角速度，$\omega=\pi n/30$。

由公式(5-21)可以看出，决定P_{rl}大小的主要因素是井内液体的黏度及抽油杆柱的运动速度。所以，在抽吸高黏度液体时，不能采用快速抽吸的方式，否则将因下行阻力过大而使抽油杆柱无法正常下行，这将给油井生产带来极大的不便。故在稠油井中，通常采取低冲次、长冲程进行生产。

(2)液体通过游动阀的摩擦力。

在高黏度、大产量井内，液体通过游动阀的摩擦力往往是造成抽油杆柱下部弯曲的主要因素，对悬点载荷也会造成不可忽略的影响。

液体通过游动阀时，产生的压头损失可由式(5-23)计算：

$$h=\frac{1}{\xi^2}\frac{v_f^2}{2g}=\frac{1}{\xi^2}\frac{f_p^2}{f_o^2}\frac{v_p^2}{2g} \tag{5-23}$$

式中 h——压头损失，m；

v_f——液体通过阀孔的流速，m/s；

g——重力加速度，m/s^2；

f_p——柱塞截面积，m^2；

f_o——阀孔截面积，m^2；

v_p——柱塞运动速度，m/s；

ξ——由实验测定的阀流量系数，对于常用的标准型阀可查图5-4得到。

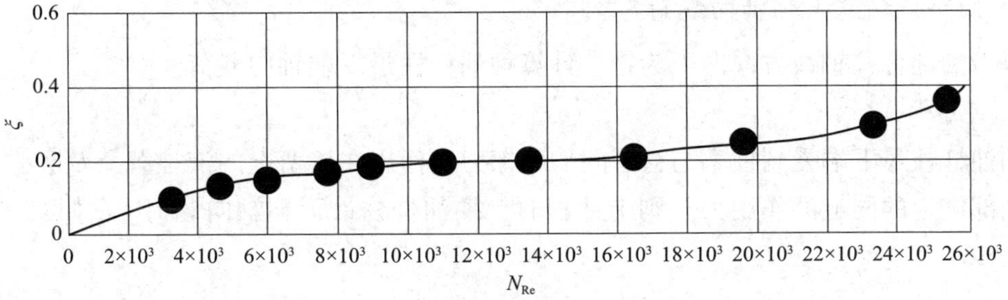

图5－4　标准型阀的流量系数

N_{Re}可由式(5－24)计算得出：

$$N_{Re}=d_0v_f/\upsilon \tag{5-24}$$

式中　N_{Re}——雷诺数；

d_0——阀孔径，m；

v_f——液体通过阀孔的流速，m/s；

υ——流体运动黏度，m^2/s。

在抽吸过程中，通过阀的液体速度随柱塞运动速度而变。如果把柱塞运动看作简谐运动，如式(5－25)所示：

$$v_p(t)=\frac{s}{2}\omega\sin\omega t \tag{5-25}$$

则柱塞的最大运动速度如式(5－26)所示：

$$v_p=\frac{s}{2}\omega \tag{5-26}$$

式中　s——光杆冲程，当不考虑抽油杆柱的弹性变形时，为柱塞冲程，m；

ω——曲柄角速度，$\omega=\pi n/30$。

将v_p代入压头损失公式，可得式(5－27)：

$$h=\frac{1}{729}\frac{1}{\xi^2}\frac{f_p^{\ 2}}{f_o^{\ 2}}\frac{(sn)^2}{g} \tag{5-27}$$

由于液体通过游动阀的压头损失而产生的柱塞下行阻力如式(5－28)所示：

$$F_v=\rho_1hf_pg=\frac{1}{729}\frac{\rho_1f_p^{\ 2}}{\xi^2f_o^{\ 2}}(sn)^2 \tag{5-28}$$

式中　F_v——液体通过游动阀所产生的柱塞下行阻力，N；

ρ_1——抽吸液体的密度，kg/m^3。

5.1.3　抽油杆柱任意点载荷计算

定向井井眼轨迹为一条空间曲线，抽油杆柱的受力情况较为复杂，在抽油杆柱受力计算的基础上，通过分段迭代法对定向井中抽油杆柱任意点的轴向载荷进行计算。若要得到抽油杆柱任意点的载荷，首先要求出抽油杆柱最下端轴向载荷。

1. 抽油杆柱最下端轴向载荷

以沿抽油杆柱轴线方向向下为正，计算抽油杆柱最下端轴向载荷。

1）上冲程

抽油杆柱最下端受到柱塞与衬套间的摩擦力、作用在柱塞上的液柱载荷及吸入压力对柱塞底部产生的向上的作用力。则上冲程时，抽油杆柱最下端轴向载荷 P_{oup} 如式（5-29）所示：

$$P_{oup}=P_{cp}+\rho_l gh(f_p-f_r) \tag{5-29}$$

式中 P_{cp}——柱塞与衬套间的摩擦力，N；

h——泵的垂深，m；

f_p——柱塞截面积，m^2；

f_r——与柱塞相连的抽油杆柱截面积，m^2；

ρ_l——液体的密度，kg/m^3。

2）下冲程

抽油杆柱最下端主要受到柱塞与衬套间的摩擦力及液体通过游动阀的摩擦力。则下冲程时，抽油杆柱最下端轴向载荷 P_{0down} 如式（5-30）所示：

$$P_{0down}=-P_{cp}-P_v \tag{5-30}$$

式中 P_{cp}——柱塞与衬套间的摩擦力，N；

P_v——液体通过游动阀的摩擦力，N。

2. 抽油杆柱任意点载荷

1）上冲程

将抽油杆柱自下而上分为若干段，如图5-5所示，对任意抽油杆柱段进行载荷计算，则抽油杆柱在 $i+1$ 点的轴向力 P_{i+1} 可以用 P_i 表示为：

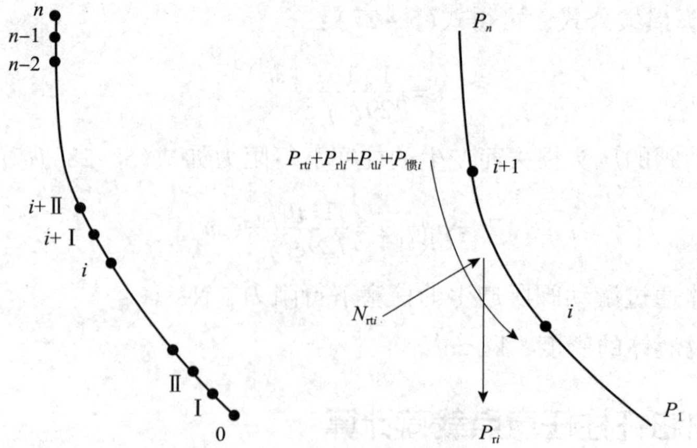

图5-5 抽油杆柱微元段载荷

$$P_{i+1}=P_i+P_{ri}\cos\frac{\alpha_{i+1}+\alpha_i}{2}+P_{gi}+P_{rti}+P_{tli} \tag{5-31}$$

式中 P_i——第 i 段抽油杆柱底端所受载荷，N；

P_{ri}——第 i 段抽油杆柱所受重力载荷，N；

P_{gi}——第 i 段抽油杆柱与液柱运动产生的惯性载荷，N；

P_{rti}——第 i 段抽油杆柱与油管间的摩擦载荷，N；

P_{tli}——第 i 段液柱与油管间的摩擦载荷，N；

α_i、α_{i+1}——为杆柱 i 处和 $i+1$ 处的井斜角，(°)。

2)下冲程

与上冲程类似，下冲程第 $i+1$ 点的轴向力 P_{i+1} 可以用 P_i 表示，如式(5－32)所示：

$$P_{i+1}=P_i+P_{ri}\left(1-\frac{\rho_l}{\rho_s}\right)\cos\frac{\alpha_{i+1}+\alpha_i}{2}-P_{gi}-P_{rti}-P_{tli} \tag{5-32}$$

3. 计算步骤

对于抽油杆柱上任意点的载荷计算，分为以下几个步骤：

(1)根据式(5－29)及式(5－30)计算出抽油杆柱最下端，即 $i=0$ 处轴向载荷。

(2)将所求点到抽油杆柱最下端的杆柱分为 n 等份，则可以得到 n 个节点。根据式(5－32)，从杆柱最下端开始向上逐个节点计算其轴向载荷，直到算到所要求的点。

(3)当所求点在抽油杆柱的变径处时，应在轴向力上叠加一个静压力 P_{li}，如图5－6所示。

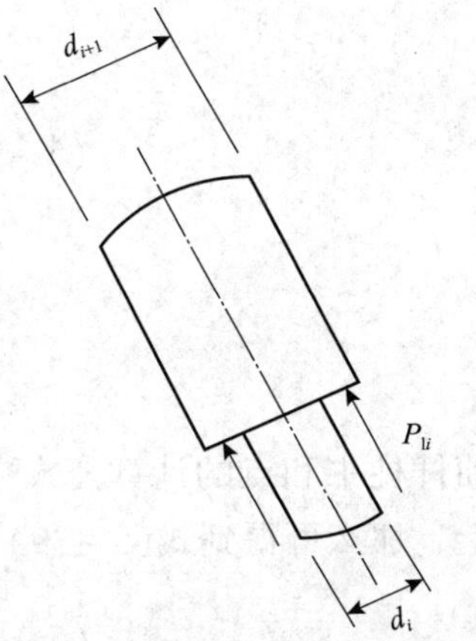

图5－6 变径处压力变化示意图

由此可得式(5－33)：

$$P_{li}=\rho_l g L_i(f_{ri+1}-f_{ri})\cos\alpha \tag{5-33}$$

此时，公式修正为式(5－34)：

$$P_{i+1}'=P_{i+1}-P_{li} \tag{5-34}$$

式中 P_{li}——抽油杆柱的静压力，N；

ρ_l——液体的密度，kg/m^3；

f_{ri}、f_{ri+1}——第 i 级与第 $i+1$ 级的杆柱横截面积，m^2；

L_i——第 i 级抽油杆柱的长度，m。

由于抽油杆柱所受载荷在上冲程时出现最大值，在下冲程时出现最小值，因此将上述迭代公式迭代至井口处即可得到悬点最大载荷和悬点最小载荷。

5.2 抽油杆柱中和点计算

抽油杆柱在下行过程中，由于上部分杆柱受拉，下部分杆柱受压，因此在轴线方向上一定存在一个轴向力为零的点，称为抽油杆柱中和点。中和点以下的杆柱容易发生失稳变形，因此计算抽油杆柱中和点的位置对判断杆柱失稳、进行抽油杆柱合理设计都有着重要意义。

由理论分析可知，中和点即抽油杆柱上轴向力为零的点，是杆柱在下冲程中承受拉力和压力平衡的一个点。因此，根据力的平衡原理可以得到以下方程式，如式(5-35)所示：

$$P_r' = P_{cp} + P_v + P_{rl} + P_{rt} + P_{浮} \tag{5-35}$$

由于在中和点的位置，抽油杆柱与油管不发生接触，因此上述公式中 $P_{rt}=0$，从而得到式(5-36)：

$$P_r' = P_{cp} + P_v + P_{rl} + P_{浮} \tag{5-36}$$

将各载荷的计算公式代入式(5-36)后，即求得抽油杆柱中和点的位置。

1. 单级抽油杆柱中和点计算

设中和点以下的杆柱长度为 L_m，则可得到单级抽油杆柱中和点计算公式，如式(5-37)所示：

$$L_m = \frac{P_{cp} + P_v}{(\rho_r - \rho_l) f_r g\cos\alpha - \dfrac{2\pi\mu v_{max}}{K_r}} \tag{5-37}$$

令 $A = \dfrac{2\pi\mu v_{max}}{K_r}$，则式(5-37)可描述为：

$$L_m = \frac{P_{cp} + P_v}{(\rho_r - \rho_l) f_r g\cos\alpha - A} \tag{5-38}$$

式中 L_m——中和点以下抽油杆柱的长度，m；

f_r——抽油杆柱横截面积，m^2。

2. 多级抽油杆柱中和点计算

以三级抽油杆柱为例，在上述公式的基础上，对多级抽油杆柱中和点的计算公式进行推导。假设抽油杆柱的中和点位于从下往上第一级抽油杆柱上，那么可得到式(5-39)：

$$L_{m3} = \frac{P_{cp} + P_v}{(\rho_r - \rho_l) f_{r3} g\cos\alpha - A_3} \tag{5-39}$$

若计算出的 L_{m3} 值小于第一极抽油杆柱的长度，则抽油杆柱中和点位于第一极抽油杆柱上，假设成立；若 L_{m3} 值大于第一级抽油杆柱的长度，则假设中和点位于第二级抽油杆柱上，那么可得到式(5-40)：

$$L_{m2} = L_3 + \frac{P_{cp} + P_v - L_3[(\rho_r - \rho_l) f_{r3} g\cos\alpha - A_3]}{(\rho_r - \rho_l) f_{r2} g\cos\alpha - A_2} \tag{5-40}$$

同理，若计算出的 L_{m2} 值小于第二级与第一级抽油杆柱的长度和，则抽油杆柱中和点位于第二级抽油杆柱上，假设成立；否则，假设抽油杆柱中和点位于第一级抽油杆柱上，那么可得到式(5-41)：

$$L_{m1} = L_2 + L_3 + \frac{P_{cp} + P_v - L_3[(\rho_r - \rho_l) f_{r3} g\cos\alpha - A_3]}{(\rho_r - \rho_l) f_{r1} g\cos\alpha - A_1} - \frac{L_2[(\rho_r - \rho_l) f_{r2} g\cos\alpha - A_2]}{(\rho_r - \rho_l) f_{r1} g\cos\alpha - A_1} \tag{5-41}$$

若计算出的 L_{m1} 值小于三级抽油杆柱的长度和，即可确定抽油杆柱中和点位于第一级抽油杆柱上。否则，不存在中和点。

5.3　抽油杆柱失稳判断

抽油杆柱中和点以下的杆柱处于受压状态，在抽油杆柱下行过程中，当受到较大载荷时，抽油杆柱失去原有的状态而产生变形，发生失稳。失稳的抽油杆柱呈螺旋状弯曲，其螺距可表示为：

$$L = \pi\sqrt{\frac{8EI}{P}} = \sqrt{\frac{\pi^3 Ed^4}{8P}} \tag{5-42}$$

式中　E——抽油杆柱的弹性模量，Pa；

I——抽油杆柱横截面惯性矩，$I=\pi d^4/64$，m^4；

d——抽油杆柱直径，m；

P——抽油杆柱受到的压力，N。

若抽油杆柱螺旋状弯曲的螺距大于单根抽油杆柱的长度，可以认为抽油杆柱失稳产生的变形弯曲在允许的范围内，因此可以根据式(5－42)得到抽油杆柱失稳的临界受压载荷公式，如式(5－43)所示：

$$P_{cr} = \frac{\pi^3 Ed^4}{8l^2} \tag{5-43}$$

式中　P_{cr}——最小临界载荷，N；

I——抽油杆柱横截面惯性矩，$I=\pi d^4/64$，m^4；

d——抽油杆柱直径，m；

l——单根抽油杆柱的长度，m。

由式(5－43)可以看出，抽油杆柱的直径不同，其失稳弯曲的临界载荷也不相同。相同长度的抽油杆，直径越小，越容易发生失稳。

5.4　实例分析

取一口定向井进行分析，井的基本数据如下：

1. 基本参数

1)井身结构数据

某定向井井身结构数据如表5－3所示。

表5－3　某定向井井身结构数据

序　号	垂深/m	井斜角/(°)	方位角/(°)	斜深/m
1	0.00	0.00	0.00	0
2	189.99	0.75	80.00	190
3	218.99	0.75	80.00	219

续表

序 号	垂深/m	井斜角/(°)	方位角/(°)	斜深/m
4	246.99	0.75	100.00	247
5	275.98	1.00	45.00	276
6	303.98	1.75	30.00	304
7	332.97	0.75	40.00	333
8	360.97	1.00	70.00	361
9	389.95	1.00	100.00	390
10	417.95	3.00	290.00	418
11	446.85	6.00	295.00	447
12	474.61	9.00	300.00	475
13	503.17	11.00	306.00	504
14	530.57	13.00	321.00	532
15	557.73	15.00	326.00	560
16	585.61	17.00	331.00	589
17	612.39	17.00	337.00	617
18	639.96	19.00	338.00	646
19	666.20	22.00	339.00	674
20	693.09	22.00	340.00	703
21	719.17	20.50	335.00	731
22	746.39	20.00	335.00	760
23	772.71	20.00	325.00	788
24	800.28	16.00	314.00	817
25	827.07	18.00	314.00	845
26	853.41	21.50	312.00	873
27	880.34	22.00	312.00	902
28	905.82	27.00	313.00	930
29	931.40	29.25	314.00	959
30	955.65	30.75	314.00	987
31	980.07	34.50	316.00	1016
32	1003.14	34.50	316.00	1044
33	1026.81	36.00	317.00	1073
34	1049.32	37.00	318.00	1101
35	1072.48	37.00	318.00	1130

续表

序　号	垂深/m	井斜角/(°)	方位角/(°)	斜深/m
36	1094.78	37.50	318.00	1158
37	1117.75	37.75	318.00	1187
38	1139.93	37.50	318.00	1215
39	1162.93	37.50	317.00	1244
40	1185.15	37.50	317.00	1272
41	1208.15	37.50	317.00	1301
42	1230.36	37.50	318.00	1329
43	1253.38	37.50	318.00	1358
44	1275.58	37.50	318.00	1386
45	1298.40	38.75	318.00	1415
46	1320.34	38.00	318.00	1443
47	1342.42	38.00	318.00	1471
48	1365.27	38.00	318.00	1500
49	1387.32	38.00	318.00	1528
50	1410.26	37.50	318.00	1557
51	1432.47	37.50	318.00	1585
52	1455.48	37.50	318.00	1614
53	1477.69	37.50	319.00	1642
54	1500.78	37.00	319.00	1671
55	1523.15	37.00	318.00	1699
56	1546.31	37.00	318.00	1728
57	1569.46	37.00	318.00	1757
58	1591.82	37.00	318.00	1785
59	1614.98	37.00	319.00	1814
60	1637.39	36.75	319.00	1842
61	1660.61	36.75	319.00	1871
62	1670.29	36.00	319.00	1883
63	1693.07	35.00	319.00	1911
64	1716.83	35.00	319.00	1940
65	1739.91	34.00	319.00	1968
66	1763.94	34.00	319.00	1997
67	1787.30	33.00	320.00	2022

用编制的软件画出井眼轨迹，如图 5 – 7 所示。

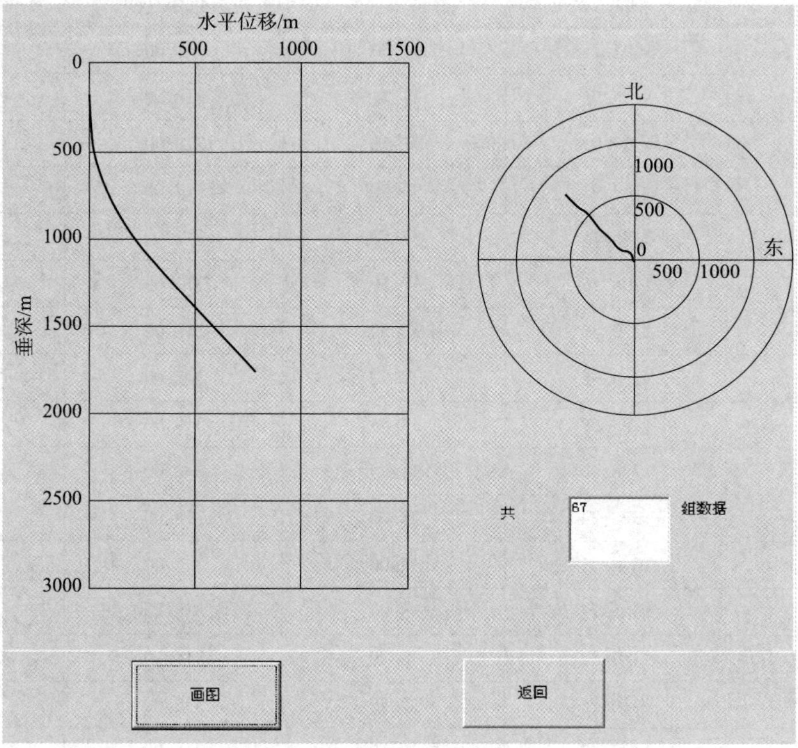

图 5 –7　某定向井井眼轨迹绘制界面

2) 抽油杆柱数据

可用到的抽油杆柱数据如表 5 – 4 所示。

表 5 –4　抽油杆柱数据

直径/mm	截面积/m^2	抽油杆柱材料密度/(kg/m^3)	线重(在空气中)/(kg/m)
16	2.01×10^{-4}	7850.00	1.58
19	2.84×10^{-4}	7850.00	2.23
22	3.80×10^{-4}	7850.00	2.98
25	4.91×10^{-4}	7850.00	3.85

H2 井抽油杆柱组合：Φ16mm × 773m + Φ19mm × 528m，HL 级。

3) 油井数据

油井数据见表 5 – 5。

表 5 –5　油井数据

油管内径/mm	50	泵径/mm	32	泵深/m	1301
泵垂深/m	1200	冲程/m	2.47	冲次/min^{-1}	4.13
含水率	0.6	柱塞与衬套间隙/mm	0.035	原油密度/(kg/m^3)	850

续表

柱塞直径/mm	32	抽油杆柱密度/(kg/m³)	7950	井内液体黏度/mPa·s	10
游动阀孔直径/mm	13	抽油杆柱的弹性模量/Pa	2.06×10^{11}	摩擦系数	0.25

2. 计算结果

将上述数据输入软件，计算得到的任意点载荷和应力如表5-6所示。

表5-6 任意点载荷和应力

序号	垂深/m	斜深/m	最大载荷/kN	最小载荷/kN	最大应力/MPa	最小应力/MPa
1	0.00	0	28.30	14.49	99.65	51.02
2	189.99	190	26.24	12.95	92.39	45.60
3	218.99	219	25.57	12.45	90.04	43.84
4	246.99	247	24.87	11.93	87.57	42.01
5	275.98	276	24.20	11.43	85.21	40.25
6	303.98	304	23.51	10.91	82.78	38.42
7	332.97	333	22.85	10.41	80.46	36.65
8	360.97	361	22.14	9.89	77.96	34.82
9	389.95	390	21.47	9.39	75.60	33.06
10	417.95	418	20.78	8.88	73.17	31.27
11	446.85	447	20.30	8.53	71.48	30.04
12	474.61	475	19.84	8.19	69.86	28.84
13	503.17	504	19.35	7.83	68.13	27.57
14	530.57	532	18.89	7.49	66.51	26.37
15	557.73	560	18.42	7.14	91.64	35.52
16	585.61	589	17.96	6.84	89.35	34.03
17	612.39	617	17.50	6.46	87.06	32.14
18	639.96	646	17.06	6.13	84.88	30.50
19	666.20	674	16.60	5.79	82.59	28.81
20	693.09	703	16.15	5.46	80.35	27.16
21	719.17	731	15.69	5.11	78.06	25.42
22	746.39	760	15.23	4.77	75.77	23.73
23	772.71	788	14.77	4.44	73.48	22.09
24	800.28	817	14.30	4.09	71.14	20.35
25	827.07	845	13.85	3.77	68.91	18.76
26	853.41	873	13.40	3.44	66.67	17.11

续表

序　号	垂深/m	斜深/m	最大载荷/kN	最小载荷/kN	最大应力/MPa	最小应力/MPa
27	880. 34	902	12. 97	3. 13	64. 53	15. 57
28	905. 82	930	12. 53	2. 82	62. 34	14. 03
29	931. 40	959	12. 13	2. 52	60. 35	12. 54
30	955. 65	987	11. 72	2. 22	58. 31	11. 04
31	980. 07	1016	11. 32	1. 93	56. 32	9. 60
32	1003. 14	1044	10. 92	1. 64	54. 33	8. 16
33	1026. 81	1073	10. 54	1. 36	52. 44	6. 77
34	1049. 32	1101	10. 14	1. 07	50. 45	5. 32
35	1072. 48	1130	9. 76	0. 79	48. 56	3. 93
36	1094. 78	1158	9. 37	0. 50	46. 62	2. 49
37	1117. 75	1187	8. 99	0. 22	44. 73	1. 09
38	1139. 93	1215	8. 59	−0. 07	42. 74	−0. 34
39	1162. 93	1244	8. 21	−0. 35	40. 85	−1. 74
40	1185. 15	1272	7. 81	−0. 64	38. 86	−3. 18
41	1208. 15	1301	7. 43	−0. 92	36. 97	−4. 57

3. 结果分析

根据表 5 –6，抽油杆柱所受最大载荷、最小载荷与井深关系如图 5 –8 所示。

根据表 5 –6，抽油杆柱所受最大应力、最小应力与井深关系如图 5 –9 所示。

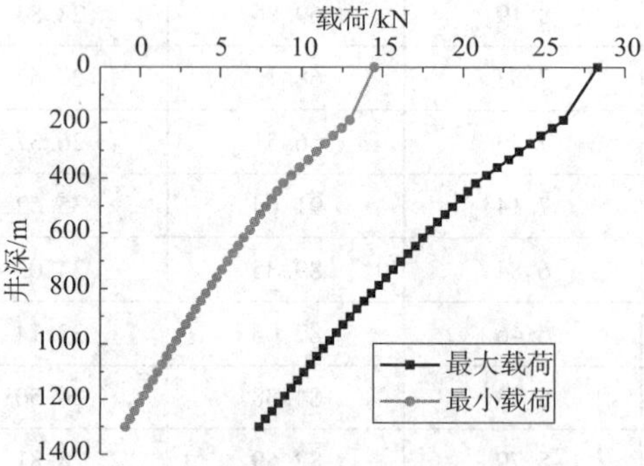

图 5 –8　抽油杆柱所受最大载荷、最小载荷与井深关系

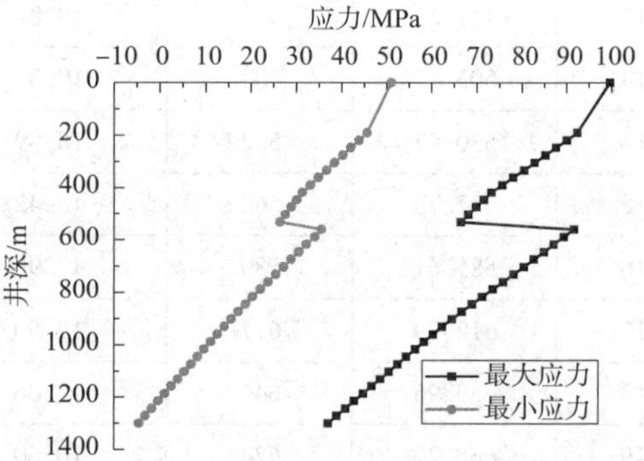

图 5 –9　抽油杆柱所受最大应力、最小应力与井深关系

计算各级抽油杆柱顶端(从下往上)最大应力、最小应力与最大载荷、最小载荷如表 5 –7 所示。

表 5 –7　最大应力、最小应力与最大载荷、最小载荷

杆柱级别	最大载荷/kN	最大应力/MPa	最小载荷/kN	最小应力/MPa
一级杆	18. 89	93. 98	7. 49	37. 26
二级杆	28. 30	99. 65	18. 49	65. 11

取一口直井进行分析，井的基本数据如下：

1. 基本参数

1)井身结构数据

某直井井身结构数据如表5－8表示。

表5－8　某直井井身结构数据

序　号	井深/m	井斜角/(°)	方位角/(°)
1	0.00	0	0
2	189.99	0	0
3	218.99	0	0
4	246.99	0	0
5	275.98	0	0
6	303.98	0	0
7	332.97	0	0
8	360.97	0	0
9	389.95	0	0
10	417.95	0	0
11	446.85	0	0
12	474.61	0	0
13	503.17	0	0
14	530.57	0	0
15	557.73	0	0
16	585.61	0	0
17	612.39	0	0
18	639.96	0	0
19	666.20	0	0
20	693.09	0	0
21	719.17	0	0
22	746.39	0	0
23	772.71	0	0
24	800.28	0	0
25	827.07	0	0
26	853.41	0	0
27	880.34	0	0
28	905.82	0	0
29	931.40	0	0
30	955.65	0	0
31	980.07	0	0
32	1003.14	0	0

续表

序 号	井深/m	井斜角/(°)	方位角/(°)
33	1026.81	0	0
34	1049.32	0	0
35	1072.48	0	0
36	1094.78	0	0
37	1117.75	0	0
38	1139.93	0	0
39	1162.93	0	0
40	1185.15	0	0
41	1208.15	0	0
42	1230.36	0	0
43	1253.38	0	0
44	1275.58	0	0
45	1298.40	0	0
46	1320.34	0	0
47	1342.42	0	0
48	1365.27	0	0
49	1387.32	0	0
50	1410.26	0	0
51	1432.47	0	0
52	1455.48	0	0
53	1477.69	0	0
54	1500.78	0	0
55	1523.15	0	0
56	1546.31	0	0
57	1569.46	0	0
58	1591.82	0	0
59	1614.98	0	0
60	1637.39	0	0
61	1660.61	0	0
62	1670.29	0	0
63	1693.07	0	0
64	1716.83	0	0
65	1739.91	0	0
66	1763.94	0	0
67	1787.30	0	0

用编制的软件画出井眼轨迹，如图 5－10 所示。

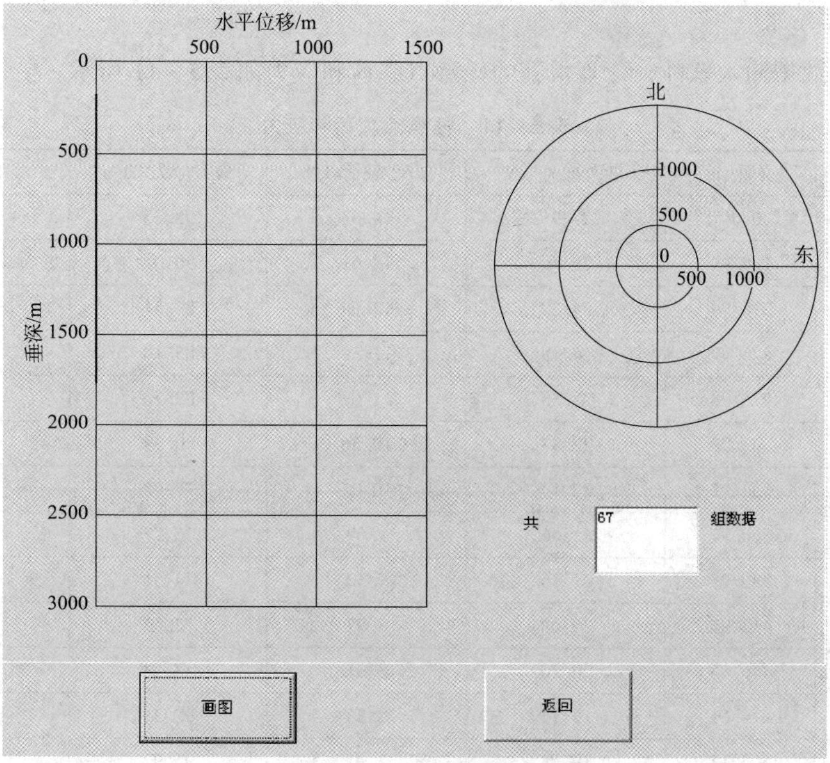

图5－10　某直井井眼轨迹绘制界面

2）抽油杆柱数据

可用到的抽油杆柱数据如表5－9所示。

表5－9　抽油杆柱数据

直径/mm	截面积/m^2	抽油杆柱材料密度/(kg/m^3)	线重（在空气中）/(kg/m)
16	2.01×10^{-4}	7850.00	1.58
19	2.84×10^{-4}	7850.00	2.23
22	3.80×10^{-4}	7850.00	2.98
25	4.91×10^{-4}	7850.00	3.85

注：本表数据同表5－4，为了方便使用，本处予以展示。

直井抽油杆柱组合：$\Phi16mm\times772m+\Phi19mm\times428m$，HL级。

3）油井数据

油井数据见表5－10。

表5－10　油井数据

油管内径/mm	50	泵径/mm	32	泵深/m	1200
泵垂深/m	1200	冲程/m	2.47	冲次/min^{-1}	4.13
含水率	0.6	柱塞与衬套间隙/mm	0.035	原油密度/(kg/m^3)	850
柱塞直径/mm	32	抽油杆柱密度/(kg/m^3)	7950	井内液体黏度/mPa·s	10
游动阀孔直径/mm	13	抽油杆柱的弹性模量/Pa	2.06×10^{11}	摩擦系数	0.25

2. 计算结果

将上述数据输入软件，计算得到的任意点载荷和应力如表 5－11 所示。

表 5－11　任意点载荷和应力

序　号	井深/m	最大载荷/kN	最小载荷/kN	最大应力/MPa	最小应力/MPa
1	0.00	27.93	14.63	98.35	51.51
2	189.99	25.56	12.61	90.01	44.40
3	218.99	24.87	12.09	87.57	42.57
4	246.99	24.19	11.59	85.18	40.81
5	275.98	23.50	11.07	82.75	38.98
6	303.98	22.83	10.56	80.39	37.18
7	332.97	22.13	10.05	77.92	35.39
8	360.97	21.66	9.69	76.27	34.12
9	389.95	21.16	9.32	74.51	32.82
10	417.95	20.68	8.97	72.82	31.58
11	446.85	20.20	8.61	100.50	42.84
12	474.61	19.74	8.26	98.21	41.09
13	503.17	19.28	7.91	95.92	39.35
14	530.57	18.80	7.56	93.53	37.61
15	557.73	18.35	7.22	91.30	35.92
16	585.61	17.88	6.87	88.96	34.18
17	612.39	17.43	6.54	86.72	32.54
18	639.96	16.97	6.19	84.43	30.80
19	666.20	16.53	5.86	82.24	29.15
20	693.09	16.06	5.52	79.90	27.46
21	719.17	15.62	5.18	77.71	25.77
22	746.39	15.15	4.83	75.38	24.03
23	772.71	14.69	4.49	73.09	22.34
24	800.28	14.24	4.16	70.85	20.70
25	827.07	13.78	3.82	68.56	19.00
26	853.41	13.35	3.49	66.42	17.36
27	880.34	12.91	3.17	64.23	15.77
28	905.82	12.50	2.86	62.19	14.23
29	931.40	12.09	2.55	60.15	12.69
30	955.65	11.69	2.26	58.16	11.24
31	980.07	11.29	1.96	56.17	9.75

续表

序　号	井深/m	最大载荷/kN	最小载荷/kN	最大应力/MPa	最小应力/MPa
32	1003.14	10.91	1.67	54.28	8.31
33	1026.81	10.51	1.38	52.29	6.87
34	1049.32	10.13	1.09	50.40	5.42
35	1072.48	9.74	0.80	48.46	3.98
36	1094.78	9.36	0.52	46.57	2.59
37	1117.75	8.97	0.23	44.63	1.14
38	1139.93	8.59	-0.05	42.74	-0.25
39	1162.93	8.20	-0.35	40.80	-1.74
40	1185.15	7.82	-0.63	38.91	-3.13
41	1208.15	7.43	-0.92	36.97	-4.58

3. 结果分析

根据表5－11，抽油杆柱所受最大载荷、最小载荷与井深关系如图5－11所示。由于是直井，因此抽油杆柱上的载荷近似为线性增加。根据表5－11，抽油杆柱所受最大应力、最小应力与井深关系如图5－12所示。

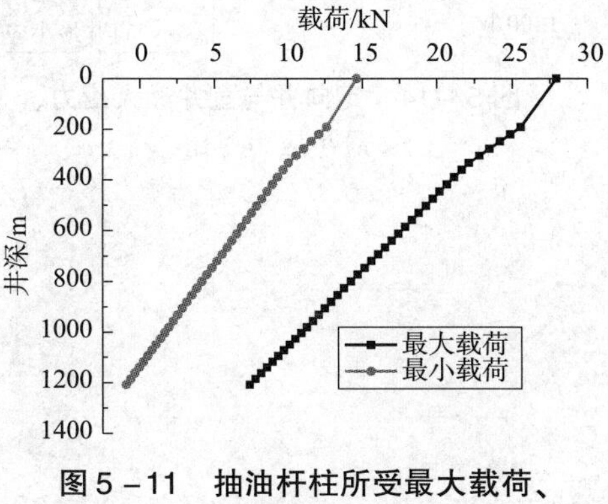

图5－11　抽油杆柱所受最大载荷、最小载荷与井深关系

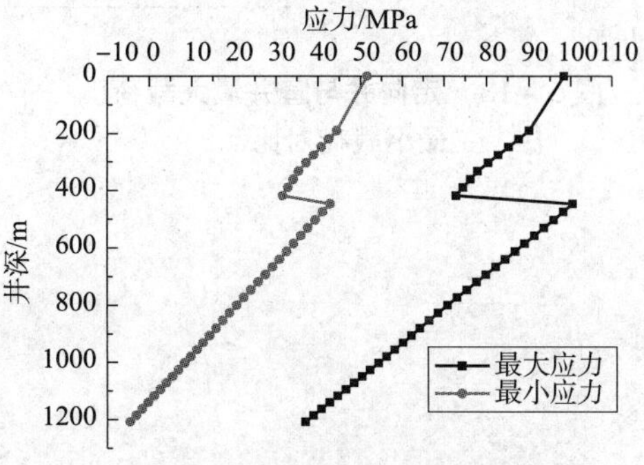

图5－12　抽油杆柱所受最大应力、最小应力与井深关系

从图5－12可以看出，在一级杆顶端，应力突然变小，这是因为一级杆顶端连接着二级杆，二级杆的直径比一级杆大，在载荷几乎不变的情况下，应力会突然减小。

计算各级抽油杆柱顶端(从下往上)最大应力、最小应力与最大载荷、最小载荷，如表5－12所示。

表5－12　最大应力、最小应力与最大载荷、最小载荷

杆柱级别	最大载荷/kN	最大应力/MPa	最小载荷/kN	最小应力/MPa
一级杆	20.68	102.89	8.97	44.63
二级杆	27.93	98.35	14.63	51.51

4. 对比分析

将两口井的最大载荷、最小载荷放在一张图中，对比不同垂深处载荷的大小，如图5－13所示。

从图5－13中可以看出，一级杆上定向井和直井的最大载荷、最小载荷几乎相同，二级杆上定向井的最大载荷、最小载荷略大于直井载荷，这是因为在相同下泵垂深下，定向井的井深比直井多100m，因此抽油杆柱也比直井长100m。

将两者的最大应力、最小应力画在同一张图中，如图5－14所示。

从图5－14中可以看出，直井最大应力、最小应力突变点比定向井少100m，这是因为在相同下泵垂深下，直井的井深比定向井短100m，一级杆长度相同，因此直井的二级杆长度比定向井少100m。

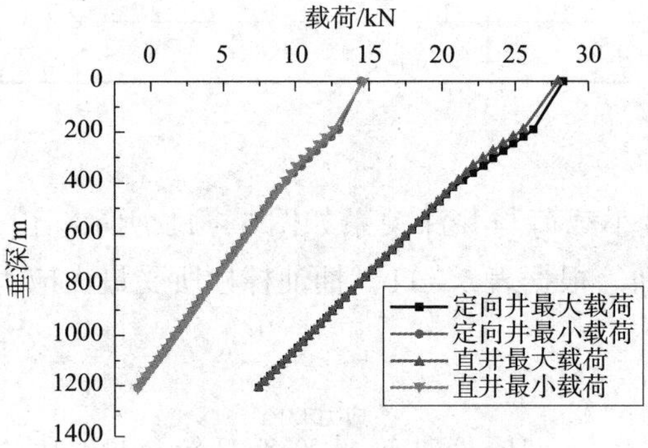

图5－13　定向井与直井最大载荷、最小载荷对比

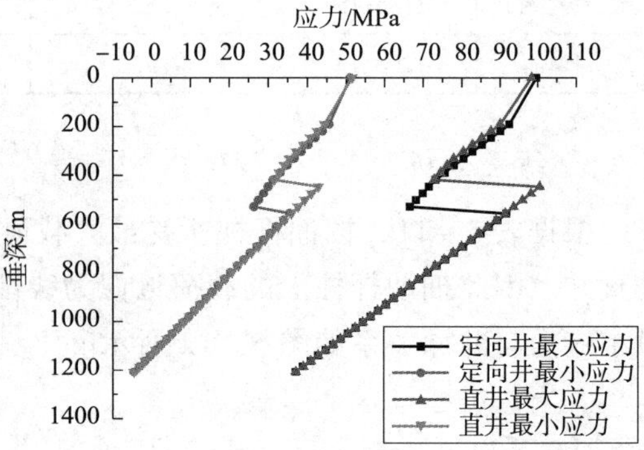

图5－14　定向井与直井最大应力、最小应力对比

第6章　抽油杆柱组合设计

抽油杆柱是将地面往复运动传递到井下抽油泵的中间部分，是有杆抽油系统中的重要组成部分，但也是最薄弱的环节之一。抽油杆柱工作的可靠程度决定了油井是否正常生产，工作性能的好坏直接影响抽油效率。因此，合理的抽油杆柱设计至关重要。

6.1　抽油杆柱组合设计内容

定向井中抽油杆柱受力复杂，由于受井斜角、井深、采液量等因素的影响，井下抽油杆柱时常发生故障，引起检泵周期缩短、泵效低等问题。因此，需要对抽油杆柱进行合理设计，以保证油井生产的正常运行。

抽油杆柱设计的主要内容是确定杆柱的长度、直径、组合方式及钢级等。具体包含两个方面：①抽油杆柱组合设计。以井内抽油杆柱实际受力情况为基础，运用抽油杆柱设计方法确定各级抽油杆柱的长度及其直径；②抽油杆柱工况预测。主要是在抽油机、抽油杆柱、抽油泵和工作条件确定的条件下，计算抽油杆柱负载、泵效等参数。

6.2　抽油杆柱强度设计

6.2.1　抽油杆柱强度设计准则

通常抽油杆柱组合设计，要求在满足强度条件的基础上，使抽油杆柱的重量实现最轻。阶梯杆柱组合设计的提出，较好地解决了减轻抽油杆柱重量的问题，这一思想一直沿用至今。经过数十年的发展，主要形成了如下两大设计准则：

(1)从杆柱下部向上逐级计算，若在杆柱上的某一点应力与所给的许用最大应力相等时，便由此更换大一规格的抽油杆。

(2)各级杆柱顶部的应力相等。等强度设计准则，是目前杆柱设计工作中的常用准则，分为等疲劳强度设计准则和静等强度准则。

等疲劳强度设计准则要求抽油杆柱中各强度校核横截面应具有相等的疲劳强度，通常情况下强度校核横截面为各级抽油杆柱顶部截面。静等强度准则实质上是假设抽油杆柱下部最大动载应力不大于上部，最小动载应力不小于上部，使各级不同规格抽油杆柱顶部的静强度相等，该准则具有局限性，不适用于高凝油、稠油等特殊井。

6.2.2 抽油杆柱强度设计方法

抽油杆柱工作时，其任意断面上的应力大小是随时间变化的，并且应力变化是不对称循环的。所以，在抽油杆柱设计时，要考虑疲劳强度。如果把抽油杆柱看成不发生弯曲的直杆，那么在抽油杆柱上下运动时，其向上的应力沿杆柱从下到上是逐渐增大的，因此在考虑强度问题时，只要各级抽油杆柱顶端的应力满足要求即可，现有的抽油杆柱设计方法都是以这一思想为基础发展起来的。

根据抽油杆柱疲劳强度计算方法，抽油杆柱强度设计方法主要有等强度设计法（等疲劳强度法）和变安全系数法（安全系数逐渐增加法），其中等疲劳强度设计法最为常用。

1. *等疲劳强度法*

等疲劳强度法设计准则要求各强度校核横截面具有相等的疲劳强度，许用应力计算方法主要有奥金格法和 API 法，这两种抽油杆柱疲劳强度计算方法就是依照等强度设计准则设计的。

1）等当量应力法

等当量应力法又称奥金格法，设计时要求在保证各级杆柱顶端折算应力小于许用应力，同时使每级杆柱顶端的相当应力相等，如式（6－1）所示：

$$\sigma_{d1}=\sigma_{d2}=\sigma_{d3}=\cdots=\sigma_{dn}\leqslant[\sigma_{-1}] \tag{6-1}$$

式中　σ_{d1}，σ_{d2}，σ_{d3}，…，σ_{dn}——第 1，2，3，…，n 级杆柱顶端的折算应力；

$[\sigma_{-1}]$——许用应力。

对式（6－1）进行变换得到式（6－2）：

$$\frac{[\sigma_{-1}]}{\sigma_{d1}}=\frac{[\sigma_{-1}]}{\sigma_{d2}}=\frac{[\sigma_{-1}]}{\sigma_{d3}}=\cdots=\frac{[\sigma_{-1}]}{\sigma_{dn}}\geqslant 1 \tag{6-2}$$

以四级杆柱设计为例，等强度设计法如图 6－1 所示。

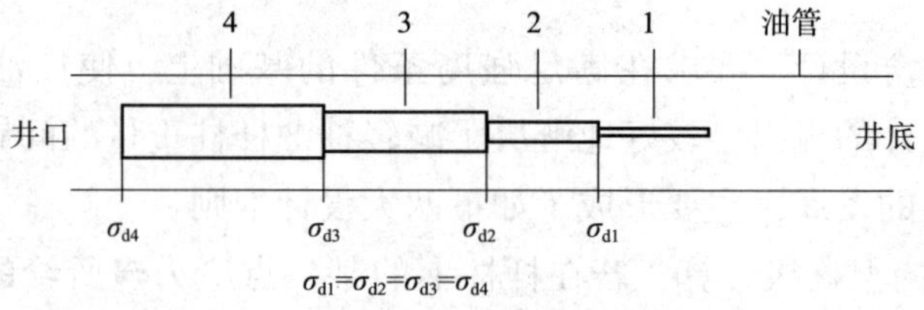

图 6－1　四级杆柱等强度设计法示意图

等强度设计法的实质是各级杆柱顶端的安全性相等，即各级杆柱顶端工作的可靠程度相同。

2）等许用应力法

等许用应力法又称 API 法，要求各级杆柱顶端最大工作应力相等，并小于许用最大循环应力，如式（6－3）所示：

$$\sigma_{max1}=\sigma_{max2}=\sigma_{max3}=\cdots=\sigma_{maxn} \tag{6-3}$$

式中 σ_{max1}，σ_{max2}，σ_{max3}，…，σ_{maxn}——第 1，2，3，…，n 级杆柱顶端的最大工作应力，MPa。

3)等使用系数法

在不同深度处，抽油杆柱的许用最大应力值是不同的。如果要求各级杆柱顶端的最大应力相同，可能造成下部抽油杆柱顶端的最大应力超过其许用最大应力，降低下部抽油杆柱工作可靠性，增加下部抽油杆柱发生故障的概率。

等使用系数法也称修正的 API 法，其出发点为各级杆柱顶端的使用系数相等，即以式(6-3)为基础，当应力利用率(使用系数)为 ε 时($\sigma_{maxn}\leqslant[\sigma_{max}]_i\cdot\varepsilon$)，式(6-3)可变为式(6-4)：

$$\frac{\sigma_{max1}}{[\sigma_{max}]_1}=\frac{\sigma_{max2}}{[\sigma_{max}]_2}=\frac{\sigma_{max3}}{[\sigma_{max}]_3}=\cdots=\frac{\sigma_{maxi}}{[\sigma_{max}]_i}=\varepsilon \tag{6-4}$$

式中 ε——使用系数，$\varepsilon<1$；

$[\sigma_{max}]_i$——第 i 级杆柱顶端许用最大工作循环应力，MPa。

4)等应力范围比法

应力范围比$\overline{PL}$是实际应力范围与许用应力范围的比值，如式(6-5)所示：

$$\overline{PL}=\frac{\sigma_{max}-\sigma_{min}}{\sigma_{all}-\sigma_{min}}\times 100\% \tag{6-5}$$

等应力范围比法实际上由修正的 API 法变化而来，在目前油田设计工作中最常用。该方法要求各级杆柱的应力范围比满足如下条件：

$$\frac{\sigma_{max1}-\sigma_{min1}}{\sigma_{all1}-\sigma_{min1}}=\frac{\sigma_{max2}-\sigma_{min2}}{\sigma_{all2}-\sigma_{min2}}=\cdots=\frac{\sigma_{maxn}-\sigma_{minn}}{\sigma_{alln}-\sigma_{minn}}<1.0 \tag{6-6}$$

$$\overline{PL_1}=\overline{PL_2}=\overline{PL_3}=\cdots=\overline{PL_n}\leqslant\overline{PL} \tag{6-7}$$

式中 $\sigma_{max}-\sigma_{min}$——抽油杆柱实际应力范围，也称应力范围，MPa；

$\sigma_{all}-\sigma_{min}$——抽油杆柱许用应力范围，也称许用应力范围，MPa。

合理的杆柱组合比例不仅应保证各级杆柱的应力范围比 $\overline{PL}<100\%$，而且各级杆柱的应力范围比应比较接近，通常各级杆柱的应力范围比的偏差值不超过10%。原则上，应力范围比应保持较高值，目的是充分利用抽油杆柱，但是考虑到油井生产的全过程，如因加深、提液等增加抽油杆柱载荷但不更换抽油杆柱时，要选择恰当的应力范围比。

2. 安全系数逐渐增加法

在油田实际生产过程中，抽油杆柱受力情况较为复杂，尤其杆柱下部容易发生变形失稳。因此，在设计抽油杆柱时，在满足各级抽油杆柱顶端当量应力小于许用相当应力前提下，应使井口到抽油泵处的各级抽油杆柱顶部的疲劳安全系数逐渐增加，当抽油杆柱上某一点的应力等于所给定的许用应力时，便需要取大一个规格的抽油杆柱。该方法就是安全系数逐渐增加法，也称变安全系数法，如式(6-8)所示：

$$\begin{cases}\dfrac{\sigma_{\max1}}{[\sigma_{\max}]_1}<\dfrac{\sigma_{\max2}}{[\sigma_{\max}]_2}<\dfrac{\sigma_{\max3}}{[\sigma_{\max}]_3}<\cdots<\dfrac{\sigma_{\max i}}{[\sigma_{\max}]_i}\\ \varepsilon_1<\varepsilon_2<\varepsilon_3<\cdots<\varepsilon_i\end{cases}\tag{6-8}$$

式中　ε_i——第 i 级杆柱使用系数。

安全系数逐渐增加法适用于恶劣的抽油杆柱下部工作条件，但此方法不常用。

6.3　超高强度抽油杆设计

超高强度抽油杆设计方法与上述普通抽油杆设计的思想基本相同，也是采用等强度设计法，不同点在于抽油杆疲劳强度设计过程中，许用最大应力与折算应力的计算公式与常规抽油杆的不同。

第 4 章建立了计算超高强度抽油杆许用应力的计算模型，所以本书采用等应力范围比法作为超高强度抽油杆的设计方法。

6.4　加重杆设计

油田中采用的杆柱组合设计方式大都是阶梯组合形式，这种杆柱组合设计方式起初就造成下部抽油杆的直径小；同时，在下冲程中，由于柱塞受到下行阻力，下部杆柱自重不能抵消阻力，造成抽油杆柱受压，特别是中和点以下杆段受到轴向压应力、附加弯曲应力等，在油管内常常发生失稳弯曲变形。杆柱失稳弯曲变形容易加重杆管间的偏磨，降低泵效。为减轻或避免这些危害，通常采取在抽油杆柱底部加装加重杆的方法，使中和点位置下移，以缓解杆柱失稳弯曲变形。

6.4.1　杆柱失稳判断

是否使用加重钻杆，需要根据杆柱下端所受载荷进行判断。抽油杆柱中和点以下的杆柱处于受压状态，杆柱下行过程中，当受到较大载荷时，杆柱失去原有的状态而产生变形，发生失稳并呈螺旋状弯曲，失稳时的临界载荷表示如式(6－9)所示：

$$P_{\mathrm{cr}}=\frac{\pi^3 E{d_{\mathrm{r}}}^4}{8l^2}\tag{6-9}$$

式中　P_{cr}——最小临界载荷，N；

E——抽油杆柱的弹性模量，2.06×10^{11} Pa；

d_{r}——第一级抽油杆柱直径，m；

l——单根抽油杆柱的长度，m。

当抽油杆柱某点受到的载荷大于杆柱失稳的临界载荷时，杆柱发生弯曲变形，一般在该点以下采用加重杆。

6.4.2 加重杆设计

1. 加重杆杆径设计

加重杆一般选用大一级直径抽油杆或专用加重杆，根据杆柱失稳的临界载荷公式，加重杆的最小直径如式(6－10)所示：

$$d_{zmin}=2\times\sqrt[4]{\frac{2P_{cr}l^2}{\pi^3E}} \tag{6－10}$$

式中 d_{zmin}——加重杆的最小直径，m。

2. 加重杆长度设计

使用加重杆主要是避免抽油杆柱受压产生弯曲和螺旋变形，加重杆长度用式(6－11)表示：

$$L_w=P_w/q_w \tag{6－11}$$

式中 L_w——加重杆长度，m；

q_w——加重杆单位长度重量，N/m；

P_w——下冲程抽油杆柱下端(泵出口处)向上的最大载荷，N。

对于定向井加重杆的设计应逐段进行。抽油杆柱底端受到的总阻力应等于加重杆重量的轴向分力，对式(6－11)进行适当修正，将加重杆分为 n 等份，则加重杆长度如式(6－12)所示：

$$\sum_{i=1}^{n}L_{wi}q_wg\cos\frac{\alpha_{i+1}+\alpha_i}{2}=P_w \tag{6－12}$$

式中 L_{wi}——加重杆第 i 段长度，m；

α_i、α_{i+1}——加重杆第 i、$i+1$ 微元段的井斜角，(°)。

根据式(6－12)求得加重杆的最小直径和长度后，可参考表6－1选择合适的加重杆尺寸。

表6－1 加重杆尺寸

加重杆直径/mm	单根加重杆长度/m	适用的抽油杆柱直径/mm	适用的油管内径/mm
31.75	7.62、9.14、6.00、8.00	19.1	44
31.75	7.62、9.14、6.00、8.00	19.1	51
34.93	7.62、9.14、6.00、8.00	15.9	44
34.91	7.62、9.14、6.00、8.00	19.1	51
38.10	7.62、9.14、6.00、8.00	19.1	51
44.45	7.62、9.14、6.00、8.00	22.2	76

6.5 加重杆上端抽油杆柱组合设计

本书采用等应力范围比法设计杆柱组合，设定：

(1) D_1、D_2、D_3、D_4 为已知可用的各直径系列的抽油杆。

(2) d_{r1}、d_{r2}、d_{r3}、d_{r4}为第 1、2、3、4 级抽油杆的直径。

(3) L_{r1}、L_{r2}、L_{r3}、L_{r4}为第 1、2、3、4 级抽油杆的长度。

6.5.1 多级杆柱组合设计步骤

采用应力范围比法进行多级杆柱(无加重杆时)组合设计的步骤如下：

(1)选定抽油杆材料，确定抗张强度，初定许用应力范围比$\overline{PL}$的范围。

(2)根据现场实际情况确定第一级(最下端一级)杆柱直径 d_{min}，下泵深度 L 为杆柱长度 L_1，即 $L_1 = L$。

(3)将杆柱分为 n 段，计算各小段顶端的应力范围比 $PL_{1i}(i = 1, 2, 3, \cdots, n)$。

①若 $PL_{1i} < \overline{PL}$，则停止设计，杆柱为单级杆。

②若 $PL_{1i} > \overline{PL}$，则说明此杆强度不够，须增加杆柱直径，重新设计。

③若 $PL_{1k} < \overline{PL}$且 $PL_{1(k+1)} > \overline{PL}(1 < k < n_1)$，则采用内插法求得对应顶端应力范围比为$\overline{PL}$的第 1 级长度 L_1。

(4)扩大一级杆径，将 d_1 增加 3mm，作为第二级杆径 d_2。

①若 $d_2 > d_{max}$，说明此组抽吸参数太大，超过了应力范围比，停止杆柱设计。

②若 $d_2 < d_{max}$，则取剩余长度作为第二级杆长：$L_2 = L - L_1$，将 L_2分成 n 段，计算各小段顶端的应力范围比 PL_{2i}。

a. 如果 $PL_{2n} < \overline{PL}$且 $|PL_{1n} - PL_{2n}| \leqslant \varepsilon$，则杆柱符合要求，设计结束，杆柱分两级。

b. 如果 $PL_{2n} < \overline{PL}$且 $|PL_{1n} - PL_{2n}| > \varepsilon$，则需要适当减小$\overline{PL}$值，重新进行设计，直到符合 $|PL_{1n} - PL_{2n}| \leqslant \varepsilon$ 要求为止。

c. 若 $PL_{2k} < \overline{PL}$且 $PL_{2(k+1)} > \overline{PL}(1 < k < n_2)$，则采用内插法求得对应顶端应力范围比为$\overline{PL}$的第 2 级长度 L_2。

(5)将 d_2 增加 3mm，作为第三级杆径 d_3，设计方法同第二级杆柱。

一般常规型抽油杆直径规格为：最小杆径取 19mm、最大杆径取 25mm，两级抽油杆柱顶端应力范围比的最大允许误差 $\varepsilon = 0.05$。对于超高强度抽油杆，最小杆径取 16mm，应力范围比的最大允许误差也取 $\varepsilon = 0.05$。

6.5.2 设计流程图

等应力范围比法抽油杆柱组合设计流程如图 6－2 所示。

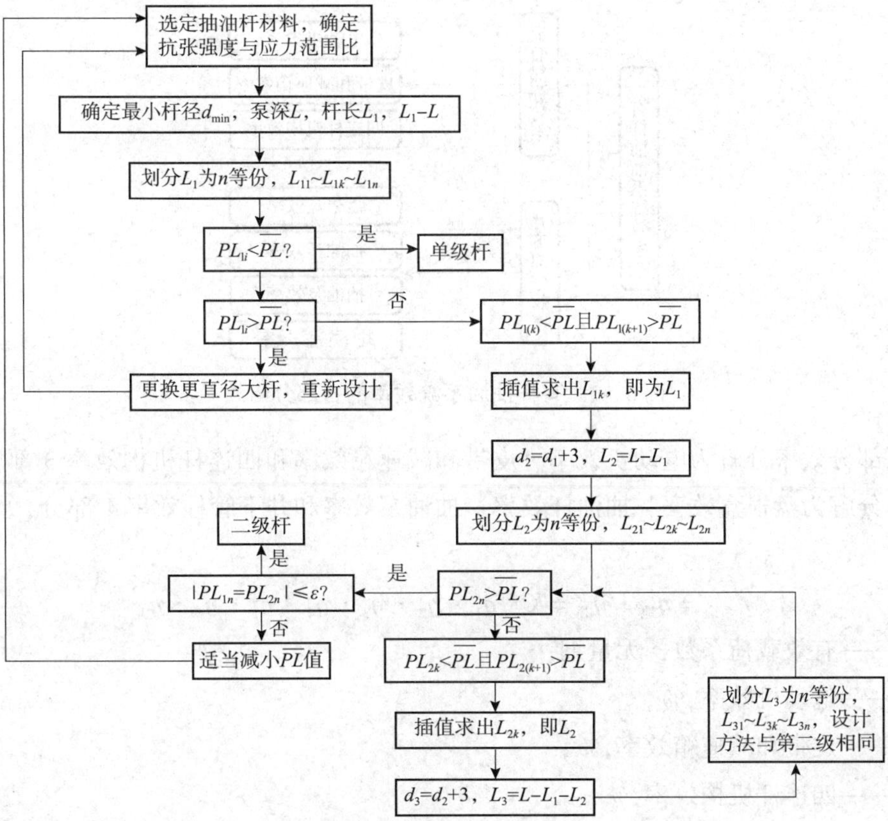

图6－2 等应力范围比法抽油杆柱组合设计流程

6.6 抽油杆柱组合优化设计

6.6.1 优化目标函数的确定

1. 杆柱组合与系统效率关系

有杆抽油系统的系统效率等于有杆抽油系统有效功率与输入功率的比值。

$$\eta_{系统}=\frac{P_{有}}{P_{入}}=\frac{P_{有}}{P_{光}}\cdot\frac{P_{光}}{P_{入}}=\eta_{地}\cdot\eta_{井} \tag{6-13}$$

式中 $P_{有}$——有杆抽油系统有效功率，也称水功率，kW；

$P_{入}$——电动机输入功率，kW；

$P_{光}$——光杆功率，kW；

$\eta_{地}$——地面部分效率，%；

$\eta_{井}$——井下部分效率，%。

根据有杆抽油系统工作的特点，可将系统效率分为两部分：地面部分效率和井下部分效率。其系统效率的各部分组成如图6－3所示。

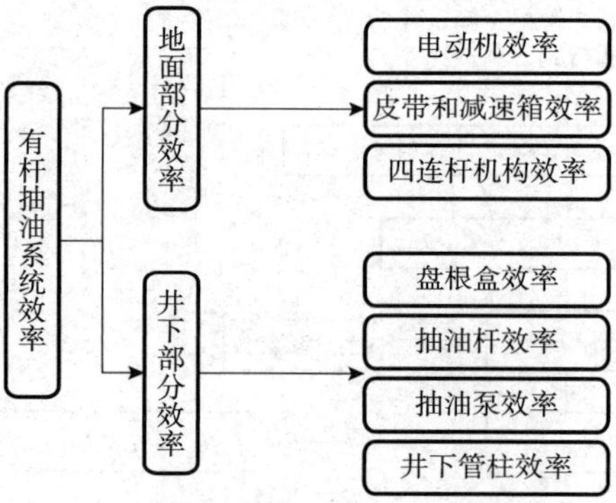

图 6－3　有杆抽油系统效率的各部分组成

地面部分效率分解为电动机效率、皮带和减速箱效率和四连杆机构效率 3 部分，井下部分效率分解为盘根盒效率、抽油杆效率、抽油泵效率和井下管柱效率 4 部分，如式(6－14)所示：

$$\eta_{系统}=\eta_{地}\cdot\eta_{井}=K\cdot\eta_1\cdot\eta_2\cdot\eta_3\cdot\eta_4\cdot\eta_5\cdot\eta_6\cdot\eta_7 \tag{6-14}$$

式中　K——有效载荷系数，无量纲；

η_1——电动机效率,%；

η_2——皮带和减速箱效率,%；

η_3——四连杆机构效率,%；

η_4——盘根盒效率,%；

η_5——抽油杆效率,%；

η_6——抽油泵效率,%；

η_7——井下管柱效率,%。

从式(6－14)看出，抽油系统是一个复杂的系统，影响系统效率的因素较多，抽油杆柱组合仅仅是其中之一，如果只将系统效率作为优化目标函数，那么就无法明显反映出杆柱组合对系统效率的影响，所确定的杆柱组合往往不是最优的。

2. 杆柱组合与泵效关系

在抽油机井生产过程中，泵效是反映抽油泵和油井工作状况的一个重要指标。

泵效计算模型如式(6－15)所示：

$$\eta_p=Q/Q_t=\eta_\lambda\cdot\beta\cdot\eta_L\cdot\eta_B\times100\%=\frac{\eta_\lambda\cdot\beta\cdot\eta_L}{B_L}\times100\% \tag{6-15}$$

其中：

$$\eta_\lambda=\frac{s-\dfrac{f_p\rho_L l_f g}{E}\left(\dfrac{L}{f_t}+\sum_{i=1}^{m}L_i/f_{ri}\right)}{s} \tag{6-16}$$

$$\beta=\frac{P_s+0.1}{(P_s+0.1)(R_p-R_s)(1-f_w)} \tag{6-17}$$

$$\eta_L = 1 - \frac{B_L q}{2\eta_\lambda \beta Q_t} \tag{6-18}$$

式中 η_λ——柱塞冲程系数(柱塞冲程与光杆冲程之比);

B_L——液体体积系数,$B_L = B_o(1-f_w) + B_w f_w$,$B_o$、$B_w$ 为油、水体积系数,f_w 为原油体积含水率;

β——泵的充满程度(进入泵的液体体积与柱塞让出的泵体积之比);

R_p——地面生产气油比;

R_s——泵内溶解气油比,$R_s = a \cdot P_s$,a 为溶解系数;

η_L——泵的漏失系数;

s——光杆冲程,m;

P_s——沉没压力,MPa;

f_p、f_r、f_t——柱塞、抽油杆、油管截面积,m^2;

L——抽油杆柱总长度,m;

ρ_L——液体体积,m^3;

l_f——动液面深度,m;

L_i——第 i 级杆柱的长度,m;

f_{ri}——第 i 级杆柱的截面积,m^2;

m——抽油杆柱的级数;

q——泵的漏失液量;

E——抽油杆柱的弹性模量,2.06×10^{11}Pa;

Q_t——泵的理论排量,m^3/d。

从式(6-18)看出,当沉没压力 P_s、下泵深度(抽油杆柱总长度)L、地面生产气油比 R_P、泵内溶解气油比 R_s、液体体积系数 B_L、泵的漏失液量 q 等参数确定时,影响泵效的主要因素有光杆冲程 s 与抽油杆柱组合方式。

泵效是影响油井产量和下泵深度与抽油杆柱组合的优化目标函数,所以本书以抽油泵效率(泵效)作为目标之一对抽油杆柱组合进行优化。

6.6.2 抽油杆柱工况参数计算

表征抽油杆柱工作状况的参数主要有光杆载荷、曲柄最大扭矩与等值扭矩等。

1. 光杆载荷

通常光杆载荷是指光杆处杆柱轴向载荷,包括悬点最大载荷和悬点最小载荷,是进行抽油杆柱设计和合理选择抽油机的重要依据。本书采用微元迭代法计算井口的光杆载荷。

2. 曲柄最大扭矩与等值扭矩

一般油田设计工作过程中，大多采用经验公式法计算曲柄最大扭矩。国外应用比较广泛的计算曲柄最大扭矩的经验公式是1957年苏联拉玛扎诺夫提出的：

$$M_{max} = 300s + 0.236s(P_{max} - P_{min}) \tag{6-19}$$

式中　M_{max}——曲柄最大扭矩，kN·m；

P_{max}——悬点最大载荷，kN；

P_{min}——悬点最小载荷，kN。

等值扭矩是用一个固定扭矩代替变化的实际扭矩，其与曲柄最大扭矩之间存在一定关系，近似表示为：

$$M_e \approx k \cdot M_{max} \tag{6-20}$$

式中　k——比例系数，根据理论与实际分析，一般取0.6。

3. 柱塞冲程

抽油泵的柱塞冲程 s_p 通常小于光杆冲程 s，它是造成泵效小于1的重要因素。抽油杆柱所受载荷不同，伸缩变形就不同，柱塞冲程也会变化。考虑静载荷与惯性载荷后的柱塞冲程按式(6－21)计算：

$$s_p = s - \lambda + \lambda_i = s\left(1 + \frac{F_r s n^2 L}{1790 f_r E}\right) \tag{6-21}$$

式中　F_r——抽油杆在空气中的重力，N。

6.6.3　抽吸参数选择

抽吸参数指的是抽油泵在油井中抽取液体的工况参数或工作参数，主要包括泵径 D_p、光杆冲程 s、冲次 n 等。对于同一口油井，下泵深度一定时，抽吸参数 D_p、s、n 有多种组合方案。根据我国抽油机、抽油杆、抽油泵的制造水平，在选择光杆冲程 s 和冲次 n 时，通常要求满足以下条件：

$$\frac{sn^2}{1790} < 0.225 \tag{6-22}$$

6.6.4　杆柱组合优化设计思路

本书把杆柱组合设计与扶正器间距设计作为一个整体，以加装扶正器后的杆柱受力计算结果为基础进行杆柱组合设计。根据确定的许用应力计算公式，应用等应力范围比法设计杆柱，并比较各抽吸参数组合下的泵效，泵效最大值时的杆柱组合即最优杆柱组合。抽油杆柱组合优化设计流程如图6－4所示。

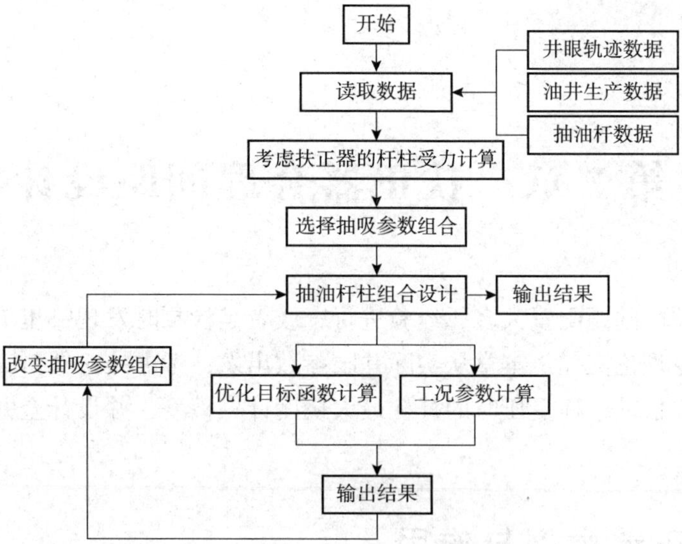

图6－4　抽油杆柱组合优化设计流程

6.6.5　杆柱组合优化设计步骤

(1)首先确定与抽油杆柱优化设计相关的基础参数。

(2)完成加装扶正器时的杆柱受力分析与计算。

(3)分别以步骤(2)中的受力计算结果为基础，完成某一抽吸参数组合下的抽油杆柱组合设计；计算并记录某一杆柱组合方式及抽吸参数组合条件下的泵效。

(4)改变抽吸参数组合，计算并记录新的抽吸参数组合下的泵效。

(5)比较、分析各抽吸参数组合下的杆柱组合方式及泵效，泵效最高时对应的杆柱组合及抽吸参数组合即最优杆柱组合及抽吸参数组合。

第 7 章　扶正器合理间距设计

目前，扶正器的间距配置大多凭经验进行，或者是检泵时发现哪里磨损严重就在哪里安装扶正器，缺少理论支撑。本章从实际井眼参数出发，考虑扶正器对三维空间抽油杆柱受力的影响，建立抽油杆柱受压时的杆柱最大挠度计算模型，并设计全井内抽油杆扶正器间距设计思路。

7.1　扶正器类型与作用

在深井或井斜角变化较大的井中，下冲程过程中杆柱受力较复杂，时常会产生杆柱弯曲，同时受拉杆柱也会与油管接触，造成抽油杆与油管之间相互摩擦，情况严重时造成杆断、管漏等井下事故，不仅缩短了油井检修期、影响了正常生产，而且使日常作业成本增大。在偏磨点安装扶正器，目的就是扶正、减小或避免杆管偏磨。

油田现场使用的抽油杆扶正器主要有滚轮式扶正器(图 7－1)和滑动式(柱状式)扶正器(图 7－2)两类。其中，滑动式扶正器由尼龙材料制成，对油管摩擦损害较小，现场使用较多。

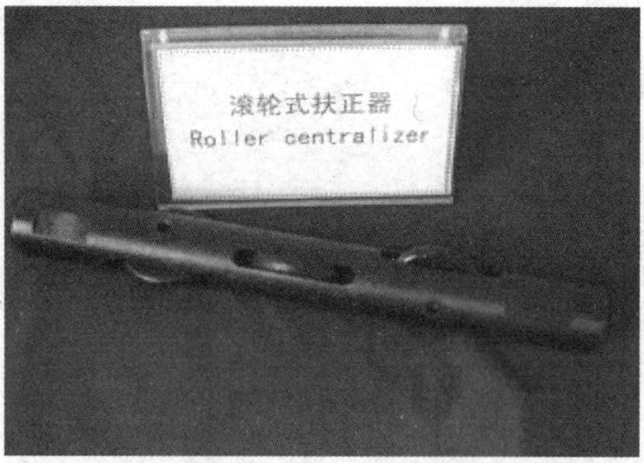

图 7－1　滚轮式扶正器

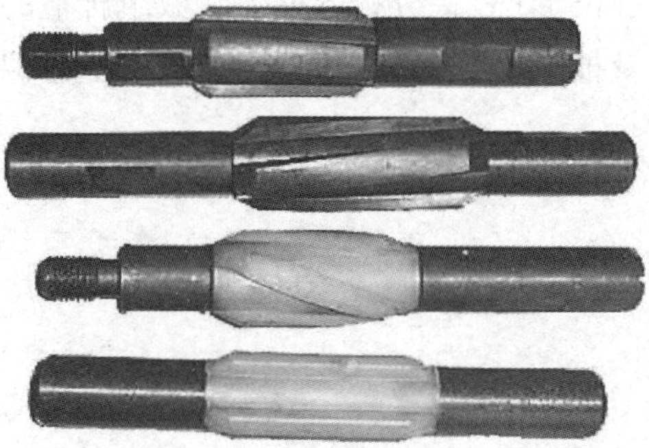

图 7－2　滑动式(柱状式)扶正器

7.2　考虑扶正器后的抽油杆柱受力分析

安装扶正器前后的抽油杆柱受力情况是不同的。安装扶正器后，抽油杆柱不再与油管接触(即不再考虑油管对抽油杆柱的支持力)，扶正器与油管之间将产生摩擦力，并且扶正器在随杆柱往复运动过程中将与井液产生阻力。

为了计算两扶正器之间抽油杆柱的变形，有必要对配置扶正器后的抽油杆柱重新进行力学分析。

7.2.1 上冲程受力分析与计算

上冲程中，安装扶正器后的抽油杆柱除了受自身浮重、自身惯性载荷作用，抽油杆柱还受到扶正器的支持力及扶正器与油管之间的摩擦力。

安装扶正器后的主要区别在于：扶正器与油管之间的正压力代替了抽油杆和油管之间的正压力，抽油杆与油管的摩擦力转化为扶正器和油管之间的摩擦力，其余受力不变。安装扶正器后的上冲程抽油杆柱受力情况如图 7-3 所示。

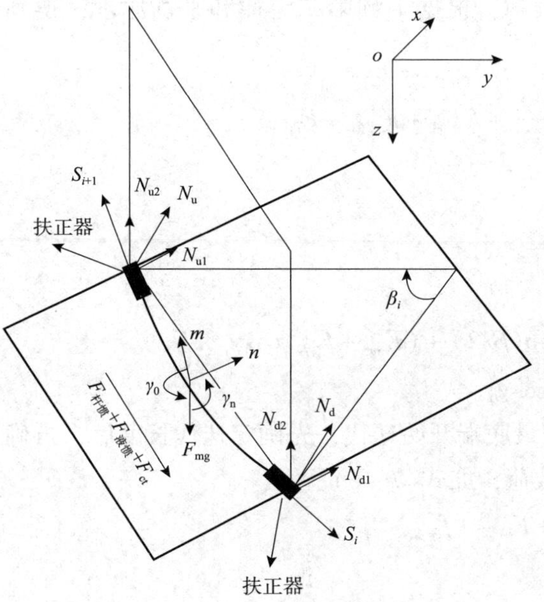

图 7-3　安装扶正器后的上冲程抽油杆柱受力情况

下面对安装扶正器后的一些受力变化做具体分析。

1. 扶正器对抽油杆柱的支反力

如图 7-3 所示，抽油杆柱上端的扶正器受到支反力 N_u 作用，下端扶正器受到支反力 N_d 作用，把 N_u 与 N_d 分解到狗腿平面和与之垂直的平面上，于是如式(7-1)所示：

$$\begin{cases} N_u = \sqrt{N_{u1}^2 + N_{u2}^2} \\ N_d = \sqrt{N_{d1}^2 + N_{d2}^2} \end{cases} \tag{7-1}$$

式中　N_{u1}、N_{d1}——N_u 和 N_d 在狗腿平面上的分力；

N_{u2}、N_{d2}——N_u 和 N_d 在与狗腿平面垂直方向上的分力。

根据平衡条件可得：

$$\begin{cases} N_{u1} + N_{d1} = (S_i + S_{i+1})\sin(\beta/2) + (F_{mg} - F_{浮})\cos\gamma_n \\ N_{u2} + N_{d2} = (F_{mg} - F_{浮})\cos\gamma_0 \end{cases} \tag{7-2}$$

式中　S_i、S_{i+1}——抽油杆柱两端的轴向载荷；

γ_n——抽油杆柱主法线方向与重力矢量之间的夹角；

γ_0——抽油杆副法线方向与重力矢量之间的夹角。

2. 扶正器与油管之间的摩擦力

扶正器与油管之间的摩擦力 F_{ct} 可分解为狗腿平面上的摩擦力 F_1 和与狗腿平面垂直的面上的摩擦力 F_2，如式(7-3)所示：

$$F_{\text{ct}} = \sqrt{F_1^2 + F_2^2} \tag{7-3}$$

式(7－3)进一步可写：

$$\begin{cases} F_1 = f(N_{\text{u1}} + N_{\text{d1}}) \\ F_2 = f(N_{\text{u2}} + N_{\text{d2}}) \end{cases} \tag{7-4}$$

式中　f——扶正器与油管之间的摩擦系数。

综上所述：安装扶正器后的上冲程过程中，根据牛顿第二定律和平衡原理，得到式(7－5)：

$$\begin{cases} S_{i+1} = S_i + F_{\text{mg}}\cos\dfrac{\alpha_i + \alpha_{i+1}}{2} + F_{\text{杆惯}} + F_{\text{液惯}} + F_{\text{ct}} \\ F_{\text{ct}} = \sqrt{F_1^2 + F_2^2} \\ F_1 = f(N_{\text{u1}} + N_{\text{d1}}) \\ F_1 = f(N_{\text{u2}} + N_{\text{d2}}) \\ N_{\text{u1}} + N_{\text{d1}} = (S_i + S_{i+1})\sin(\beta/2) + (F_{\text{mg}} - F_{\text{浮}})\cos\gamma_{\text{n}} \\ N_{\text{u2}} + N_{\text{d2}} = (F_{\text{mg}} - F_{\text{浮}})\cos\gamma_0 \end{cases} \tag{7-5}$$

式(7－5)的求解方法也是迭代法，从杆柱的最底端开始迭代，先确定迭代长度后，再确定边界条件(S_{o}值)，S_{o}值为作用于柱塞上的载荷，如式(7－6)所示：

$$S_{\text{o}} = P_{\text{液}} + F_{\text{液惯}} + f_{\text{干摩}} \tag{7-6}$$

7.2.2　下冲程受力分析与计算

安装扶正器后的下冲程中，扶正器也受到支反力、扶正器与油管之间的摩擦力F_{ct}的作用。与上冲程相比，其不同之处表现为：下冲程中抽油杆柱与液体之间、扶正器与液体之间存在摩擦力。安装扶正器后的下冲程抽油杆柱受力情况如图7－4所示。

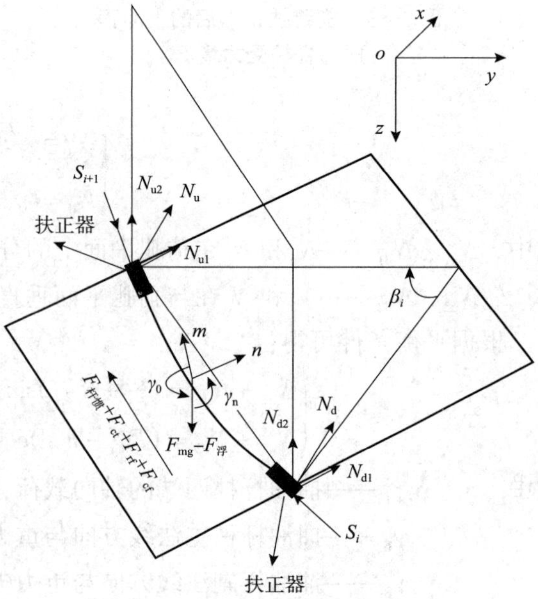

图7－4　安装扶正器后的下冲程抽油杆柱受力情况

下冲程过程中，抽油杆受重力、浮力、惯性力、扶正器支反力、杆柱与液体及扶正器与液体之间的阻力作用，其中重力、浮力、惯性力、扶正器支反力的计算模型与上冲程中的相同。液体阻力的计算模型如图7－4所示。

1. 不包括扶正器部分的液体阻力

扶正器之间的部分杆段所受的液体阻

力 F_{rf}，如式(7－7)所示：

$$\begin{cases} F_{rf}=2\pi\mu L_r\nu_r\left[\dfrac{m_1^2-1}{(m_1^2+1)\ln m_1-(m_1^2-1)}\right] \\ L_r=L-n_1h_1 \\ m_1=D_t/D_r \\ \nu_r=\dfrac{S\omega}{2}\sin\theta_2 \end{cases} \tag{7－7}$$

式中 μ——井液动力黏度，Pa·s；

ν_r——抽油杆柱运动速度(计算时取柱塞速度)，m/s；

θ_2——柱塞简谐运动时的曲柄转角；

L_r——不包含扶正器的抽油杆柱长度，m；

L——包含扶正器的抽油杆柱长度，m；

D_t、D_r——油管的内径与抽油杆的直径，m；

n_1——扶正器数量；

h_1——扶正器长度，m。

2. 液体通过扶正器时的阻力

液体通过扶正器时，由于断面的突然变化，产生撞击、分离脱硫和漩涡等现象，因此产生局部阻力；液体进入扶正器后，在扶正器内又有一沿程阻力。所以，F_{cf}应为沿程阻力和局部阻力之和。

1)沿程阻力 F_{cf}'

沿程阻力 F_{cf}'由式(7－8)计算：

$$\begin{cases} F_{cf}'=2\pi\mu n_1h_1\nu_r\left[\dfrac{m_2^2-1}{(m_2^2-1)\ln m_2-(m_2^2-1)}\right] \\ m_2=D_t/D_s \end{cases} \tag{7－8}$$

式中 D_s——扶正器外径，m。

2)局部阻力 F_{cf}''

将局部阻力按水头损失相等，转化为一相当长度 L_{SD} 的扶正器的沿程阻力，再把式(7－8)中的 h_1用 L_{SD}替换，如式(7－9)所示：

$$F_{cf}''=2\pi\mu n_1L_{SD}\nu\left[\frac{m_2^2-1}{(m_2^2+1)\ln m_2-(m_2^2-1)}\right] \tag{7－9}$$

式(7－9)中各变量计算如式(7－10)所示：

$$\begin{cases} L_{SD}=\xi_sD_{sd}/\lambda_s \\ \xi_s=0.5(1-A_{st}/A_1)+(1-A_{st}/A_1)^2 \\ A_{st}=\pi(D_t^2-D_s^2)/4 \\ A_1=\pi(D_t^2-D_r^2)/4 \\ D_{sd}=2(D_t-D_s) \end{cases} \tag{7－10}$$

式中 ξ_s——液体通过扶正器时的局部阻力系数之和，近似按圆管算；

A_{st}——扶正器与油管组成空间的横截面积，m^2；

A_1——抽油杆与油管组成空间的横截面积，m^2；

D_{sd}——相当于圆管的直径，m。

式(7－10)中，λ_s 表示沿程阻力系数。层流时：$\lambda_s = A/R_{eds}$，A 是常数，对于圆环取 $A = 96$，$R_{eds} = D_{sd}v_s/\nu$ 是相当雷诺数，v_s 是液体在扶正器中的流速(m/s)，计算时取抽油杆柱的运动速度，ν 表示液体运动黏度(m^2/s)。

液体通过扶正器的总阻力主要有液体通过扶正器的阻力与局部阻力，如式(7－11)所示：

$$F_{cf} = F'_{cf} + F''_{cf} \tag{7-11}$$

根据牛顿第二定律和平衡原理，得到安装扶正器后的下冲程抽油杆柱受力模型，如式(7－12) 所示：

$$\begin{cases} S_{i+1} = S_i + (F_{杆惯} + F_{ct} + F_{cf} + F_{rf}) - (F_{mg} - F_{浮})\cos\dfrac{\alpha_i + \alpha_{i+1}}{2} \\ F_{cf} = F'_{cf} + F''_{cf} \\ F_{rf} = 2\pi\mu L_r \nu_r \left[\dfrac{m_1^2 - 1}{(m^2+1)\ln m_1 - (m_1^2 - 1)}\right] \\ F_{ct} = \sqrt{F_1^2 + F_2^2} \\ F_1 = f(N_{u1} + N_{d1}) \\ F_2 = f(N_{u2} + N_{d2}) \\ N_{u1} + N_{d1} = (S_i + S_{i+1})\sin(\beta/2) + (F_{mg} - F_{浮})\cos\gamma_n \\ N_{u2} + N_{d2} = (F_{mg} - F_{浮})\cos\gamma_0 \end{cases} \tag{7-12}$$

同理，对于式(7－12)的求解方法还是迭代法，从杆柱的最底端($i=0$ 时)开始迭代，先确定迭代长度，再确定边界条件(S_o 值)，S_o 值为作用于柱塞上的载荷。通过式(7－12)，可以求出任意两扶正器间抽油杆柱上所受的各种载荷，其边界条件如式(7－13)所示：

$$S_o = f_{阀} + f_{干摩} \tag{7-13}$$

通过对任意两个扶正器间抽油杆柱上、下冲程的受力分析，依据所建立的受力模型，可以计算出扶正器间抽油杆柱上的载荷，为后面抽油杆柱变形计算奠定了理论基础。

7.3 抽油杆柱中和点计算

上冲程中，抽油机带动抽油杆柱向上运动，整个抽油杆柱处于受拉状态。下冲程中，有时杆柱轴线方向上存在既不受拉也不受压的点，即中和点。上部分杆柱受拉而呈拉伸状态、中和点以下杆柱易受压而弯曲，因此计算中和点的位置对抽油杆柱扶正器间距设计具有重要意义。

7.3.1 单级抽油杆柱中和点计算

设中和点以下的杆柱长度为L_m，则单级杆柱中和点可由式(7－14)计算：

$$\begin{cases} L_m = \dfrac{f_{干摩}+f_{阀}}{(\rho_r-\rho_l)f_r g\cos\alpha - M} \\ M = 2\pi\mu v_{max}/K_r \\ K_r = \dfrac{m^2+1}{m^2-1}\ln m - 1 \end{cases} \tag{7-14}$$

式中 L_m——中和点以下的抽油杆柱长度，m；

$f_{干摩}$——柱塞与泵通(衬套)间的摩擦力，N；

$f_{阀}$——液体流过抽油泵游动阀的水力阻力，N；

ρ_r——抽油杆材料密度，取$\rho_r=7.85\times10^3kg/m^3$；

ρ_l——井中液体密度，kg/m^3；

f_r——抽油杆截面积，m^3；

v_{max}——抽油杆柱最大下行速度，$v_{max}=\pi sn/60$；

m——油管内径与抽油杆柱直径的比值；

μ——油井内液体黏度，Pa·s；

α——井斜角，(°)。

7.3.2 多级抽油杆柱中和点计算

多级抽油杆柱(三级抽油杆)中和点计算公式如下：

(1)假设中和点位于第三级杆柱上，如式(7－15)所示：

$$L_{m3} = \frac{f_{干摩}+f_{阀}}{(\rho_r-\rho_l)f_{r3}g\cos\alpha_3 - M_3} \tag{7-15}$$

若L_{m3}小于第三级杆柱(三级抽油杆)长度，则假设成立，中和点位于第三级杆柱上；否则，重新假设。

(2)假设中和点位于第二级杆柱上，如式(7－16)所示：

$$L_{m2} = L_3 + \frac{(f_{干摩}+f_{阀}) - L_3[(\rho_r-\rho_l)f_{r3}g\cos\alpha_3 - M_3]}{(\rho_r-\rho_l)f_{r2}g\cos\alpha_2 - M_2} \tag{7-16}$$

若L_{m2}小于第二级、第三级两级杆柱长度之和，则中和点在第二级杆柱上；否则，重新假设。

(3)如果上述假设均不成立，中和点就位于第一级杆柱上，如式(7－17)所示：

$$\begin{aligned} L_{m1} = (L_3+L_2) &+ \frac{(f_{干摩}+f_{阀}) - L_3[(\rho_r-\rho_l)f_{r3}g\cos\alpha_3 - M_3]}{(\rho_r-\rho_l)f_{r1}g\cos\alpha_1 - M_1} \\ &- \frac{L_2[(\rho_r-\rho_l)f_{r2}g\cos\alpha_2 - M_2]}{(\rho_r-\rho_l)f_{r1}g\cos\alpha_1 - M_1} \end{aligned} \tag{7-17}$$

同理，如果是四级以上的杆柱，也是采用上述方法来计算中和点以下的杆柱长度 L_m。

7.4 三维井眼抽油杆柱变形分析与计算

7.4.1 抽油杆柱变形分析

通常在轴向力作用下，杆柱中和点以上部分受拉力作用，杆柱会变直；中和点以下部分受力情况比较复杂，一般因受轴向压力作用易发生失稳弯曲，甚至出现杆柱自锁现象，所以抽油杆柱变形分析主要是针对下部杆柱而言的。

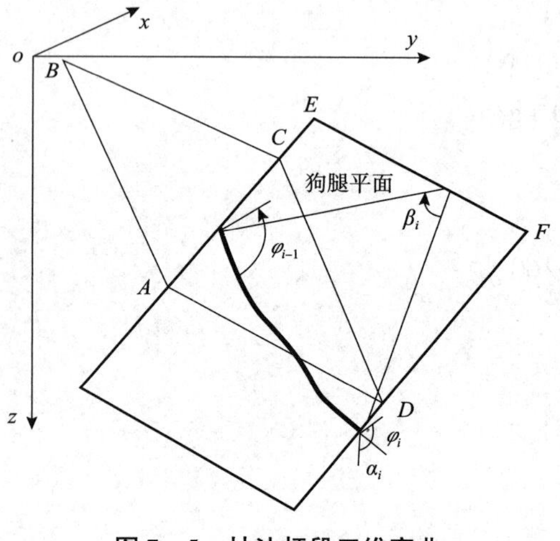

图 7－5　抽油杆段三维弯曲

定向井中除了井斜角变化，方位角也随井深发生变化，井筒不再只处于垂直平面上。一方面抽油杆柱因其自重会产生朝下的纵向弯曲，另一方面下行过程中(下部中和点以下)的杆柱受力情况复杂，轴向力会在倾斜空间平面上引起抽油杆弯曲变形，也就是引起杆柱横向弯曲。所以，抽油杆柱会在井筒空间内出现由井筒狗腿平面的弯曲变形和与狗腿平面相垂直平面的弯曲变形两个矢量叠加而成的纵横弯曲，杆柱总的弯曲变形呈现在三维空间上。抽油杆段三维弯曲如图 7－5 所示。

图 7－5 中，三维空间中抽油杆段的横向弯曲分解在狗腿平面上(面 *AEFD*)，纵向弯曲分解在与狗腿平面相垂直的面 *ABCD* 上。

7.4.2 抽油杆柱变形计算

抽油杆柱总的弯曲变形呈现在三维空间上，所以弯曲变形计算采用三维空间模型法计算抽油杆柱变形。

三维井眼中的抽油杆柱总的弯曲变形由狗腿平面的弯曲变形 δ_{dp} 和与狗腿平面相垂直平面的弯曲变形 δ_p 叠加而成，故三维中抽油杆柱总的弯曲变形 δ_l 如式(7－18)所示：

$$\delta_l = \sqrt{\delta_{dp} + \delta_p} = \frac{\sqrt{N_{dp}{}^2 + N_p^2}L^3}{384EJ} \cdot \frac{24}{u^4}\left(\frac{u^2}{2} - \frac{u \cdot chu - u}{shu}\right) \tag{7-18}$$

其中，变量计算如式(7－19)、式(7－20)所示：

$$\delta_{dp} = \frac{N_{dp}L^3}{384EJ} \cdot \frac{24}{u^4}\left(\frac{u^2}{2} - \frac{u \cdot chu - u}{shu}\right) \tag{7-19}$$

$$\delta_p = \frac{N_pL^3}{384EJ} \cdot \frac{24}{u^4}\left(\frac{u^2}{2} - \frac{u \cdot chu - u}{shu}\right) \tag{7-20}$$

式中 δ_{dp}——狗腿平面内的弯曲变形，m；

δ_p——与狗腿平面相垂直平面内弯曲变形，m；

L——相邻扶正器间抽油杆段长度，m；

u——杆柱稳定系数，$u = L\sqrt{|S|/EJ}/2$；

E——抽油杆柱的弹性模量，N/m^2；

J——杆柱截面对形心轴的惯性矩，$J = \pi d^4/64$，m^4；

N_{dp}——井眼轨迹主法线方向的总横向载荷。

N_{dp}由式(7－21)计算：

$$N_{dp} = q_r{}'L\cos r_n + 2S\sin\frac{\beta}{2} \tag{7－21}$$

S——抽油杆段下端轴向力，N；

r_n——井筒主法线方向与重力矢量之间的夹角；

β——狗腿角；

N_p——与狗腿平面相垂直的平面上的侧向载荷。

N_p由式(7－22)计算：

$$N_p = q_r{}'L\cos\gamma_0 \tag{7－22}$$

式中 γ_0——井筒双法线与重力矢量间的夹角。

7.5 扶正器合理间距优化设计

7.5.1 扶正器合理配置间距计算

扶正器配置优化的目的是在满足需要的前提下，尽可能少使用扶正器。因此，要求每个井段上的扶正器间距在满足需要的前提下尽可能大。

抽油杆扶正器安装间距应由下往上逐一计算。设计时把全井井段分为垂直段和弯曲段两个大段，弯曲段可按受力情况，分为上部受拉＋下部受压和全井受拉。

1. 弯曲井段的受压杆段

当抽油杆柱上安装扶正器后，抽油杆柱和油管壁之间的径向间隙δ如式(7－23)所示：

$$\delta = \frac{1}{2}(d_g - d_{rc}) \tag{7－23}$$

式中 d_g——扶正器外径，mm；

d_{rc}——抽油杆柱计算直径，mm。

d_{rc}的取值：①两扶正器间无接箍时，$d_{rc} = d_r$；②两扶正器间有接箍时，$d_{rc} = d_c$。

忽略杆柱初弯矩的影响，考虑扶正器的磨损问题，为保证扶正器径向尺寸磨损后抽油杆柱和油管之间不产生接触，要求两扶正器之间抽油杆柱的最大挠度应小于抽油杆柱和油管壁之间的径向间隙δ，即要满足式(7－24)：

$$f_{i\max} - (\delta - \delta_1) \leqslant 0 \tag{7-24}$$

式中 δ_1——扶正器半径方向尺寸磨损量，取 $\delta_1 = 2 \sim 4\text{mm}$。

将 $f_{i\max}$ 表达式代入条件关系式(7－24)中，可计算得到受压杆段的扶正器安装间距。

2. 弯曲井段的受拉杆段

中和点上部杆段受拉力作用而被拉直，杆柱受到法向力的作用，在内侧造成杆柱弯曲，产生偏磨。为避免此类偏磨现象发生，扶正器间距按式(7－25)计算：

$$L \leqslant \sqrt{\frac{8(\delta - \delta_1)}{K_{AB}} \cdot \frac{180}{\pi}} \tag{7-25}$$

式中 K_{AB}——AB 井段的曲率，°/m。

3. 垂直井段的受压杆段

在垂直井段的杆柱受力时，杆柱不会发生弯曲。在垂直井段杆柱受压时，杆柱不发生失稳弯曲的扶正器间距如式(7－26)所示：

$$L = \frac{\pi^2 E}{S_{ia}} \tag{7-26}$$

式中 S_{ia}——相邻扶正器间的杆柱平均轴向力，N。

7.5.2 扶正器间距计算思路

由于本书选择下冲程中和点上、下部分抽油杆柱作为研究对象。综上所述，首先根据杆柱受力计算结果，判断杆柱是受拉还是既受压又受拉。如果只受拉，则用式(7－25)；如果既受压又受拉，则先计算中和点位置，然后根据受力计算结果，从抽油泵柱塞处开始向上计算任意一点载荷，并计算杆柱平均轴向力与最大挠度，并作出判断。

杆柱受压时的扶正器间距具体设计思路如下：

(1)设定迭代长度 $\Delta L_i (i = 1, 2, \cdots, n)$，以 ΔL_i 从抽油泵柱塞处开始向上逐点计算抽油杆柱各点的轴向载荷 S_i，并计算出 ΔL_i 段杆柱上、下端的平均值 S_{ia}，$L_j = \sum_{i=1}^{n} \Delta L_i (i = 1,2,\cdots,n)$（$\Delta L_i$、$L_j$分别代表第 i 个扶正器间距和扶正器间距总和）。

(2)把计算得到轴向力的 S_{ia} 和 ΔL_i 代入式(7－22)，计算梁中点最大挠度变形 $f_{i\max}$，然后将 $f_{i\max}$ 代入，判断是否满足式(7－24)的要求；如果满足此不等式，则说明此时的 ΔL_i 就是该杆段扶正器间距。

(3)重复以上步骤，以下面的点为基础，逐步向上计算，直至下部杆柱的挠度条件都满足式(7－24)的要求。

(4)当所求出的扶正器间距之和长度 L_j 等于或稍大于中和点以下杆柱长度 L_m 条件时，即 $L_j \geqslant L_m$ 成立时，需要安装的扶正器个数为 $i + 1$ 个，结束计算。

结合上述计算思路，扶正器合理间距设计流程如图 7－6 所示。

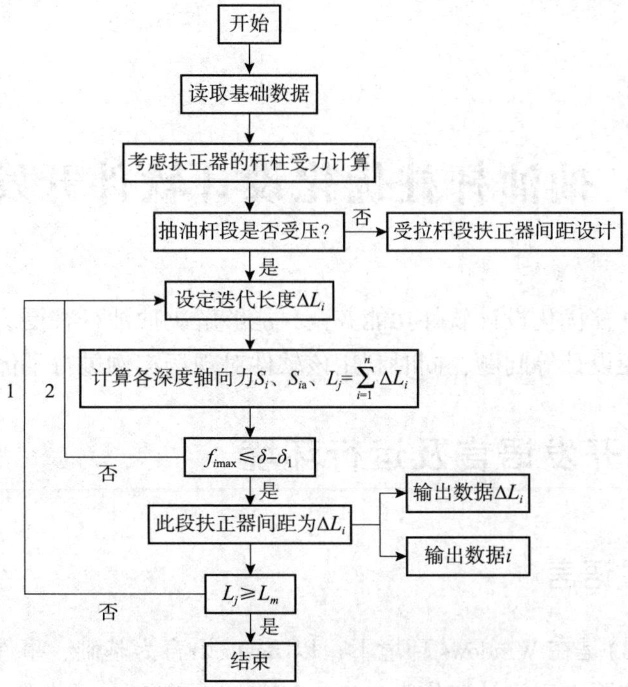

图 7－6　扶正器合理间距设计流程

本章结合之前的三维井眼抽油杆柱受力分析，将扶正器对于抽油杆柱的受力分析的影响考虑进来，对考虑扶正器后的抽油杆柱受力做了详细分析，同时结合两扶正器间的抽油杆柱变形分析，完成了扶正器合理间距设计。

第 8 章　抽油杆柱优化设计软件开发与应用

超高强度抽油杆柱优化设计软件功能齐全，能够解决抽油杆柱受力计算、杆柱组合优化设计和扶正器间距设计等问题，同时利用该软件对现场实例进行了优化计算。

8.1　软件开发语言及运行环境

8.1.1　开发语言

Visual Basic(VB)是在 Windows 环境下，以 Basic 语言为基础、事件驱动为运行机制的可视化编程语言。实际工程设计工作中，Visual Basic 具有多方面特点：

(1)面向对象的可视化的工具。

(2)事件驱动的编程机制。

(3)提供了易学、易用的应用程序开发环境。

(4)结构化的程序设计语言。

(5)强大的数据库操作功能。

VB 汲取了面向对象编程的特点，提供了可视化的设计方法，摆脱了面向过程语言的许多细节，极大地提高了应用程序的效率。基于 VB 的上述优点，本书中的优化设计软件采用 Visual Basic 语言来编制。

8.1.2　运行环境

1. 硬件环境

安装使用超高强度抽油杆柱优化设计软件的硬件配置最低要求如表 8 – 1 所示。

表 8 – 1　硬件配置最低要求

项　目	最低配置
CPU	Pentium 3　2.4GHz
内存	512MB
硬盘空间	500M
驱动器	CD – ROM 或 DVD – ROM

续表

项　目	最低配置
显卡	512 MB 图形内存 1024 × 768　32 位彩色视频适配器
鼠标	与 Microsoft 鼠标兼容的指针设备

2. 软件环境

计算机操作系统要求是 Windows XP/Vista/Windows 7/Windows 8/Windows 10 等版本系统；同时要求安装 Microsoft Excel 2003 或更高版本，且 Excel 保存为后缀为 . xls 的版本。

8.2　软件主要功能与使用说明

8.2.1　主要功能

根据前面各章理论分析，采用 Visual Basic 开发出的超高强度抽油杆柱优化设计软件，软件主界面、密码修改界面如图 8 - 1 ~ 图 8 - 3 所示。

图 8 - 1　输入密码进行权限认证界面

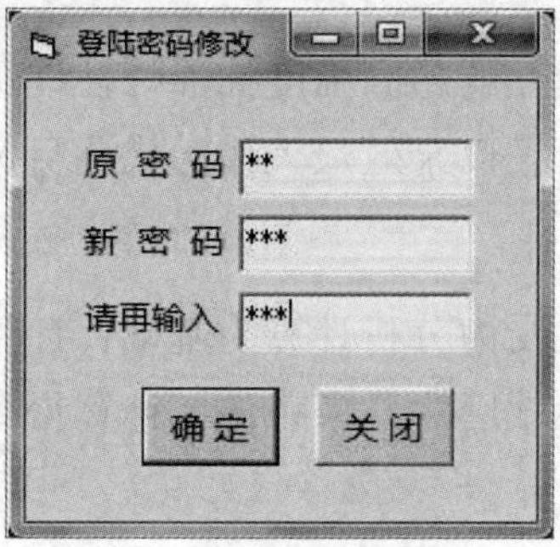

图 8 - 2　密码修改界面

图8－3　进入软件后的主界面

软件人机界面良好，每个模块的侧重点各不相同，能够完成相应的计算分析或绘图功能，而且还有运行界面、保存、打印结果等功能。

本软件主要包括井眼轨迹绘制模块、4个设计模块和数据管理模块(图8－4)。主要可实现5个方面的功能：

1. 井眼轨迹绘制

采用Excel表格存储井眼轨迹数据，软件调用Excel并读取数据，应用三次多项式插值方式得到各个垂度点对应的井斜角、方位角和斜深数据，绘制出井眼轨迹曲线；同时分析得到造斜点垂(测)深、最大井斜角、平均井斜角、最大方位角、平均方位角和井眼水平长度。

2. 抽油杆柱受力计算与分析

根据已知的油井参数，调用井眼轨迹数据，以抽油杆柱受力分析为基础，计算出不同深度对应的上冲程轴向载荷和下冲程轴向载荷，将结果保存到Excel表格中，并绘制出轴向载荷分布图。若已知杆柱组合方式，即可绘制出轴向应力分布图。

3. 抽油杆柱组合优化设计

以抽油杆柱受力计算和已建立的超高强度抽油杆柱许用应力计算模型为基础，应用等应力范围比法完成杆柱组合设计，以泵效最大作为优化目标，得到最佳杆柱组合方式。

4. 扶正器配置间距优化设计

以加装扶正器后的抽油杆柱受力分析计算为基础，计算各个深度处的杆柱变形，以相邻两个扶正器之间的杆柱不发生偏磨为约束条件，计算得到扶正器的安放深度、安装间距和扶正器个数。

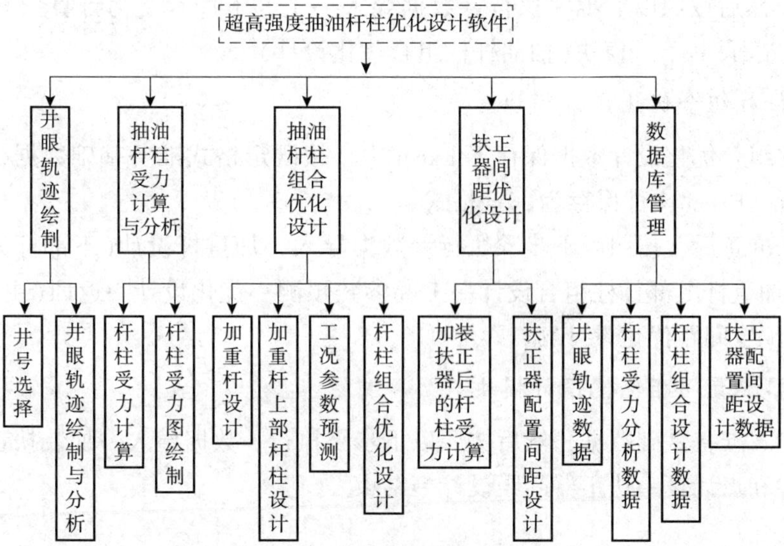

图 8－4　软件功能模块构成

5. 数据库管理

数据库管理可以实现井眼轨迹数据、杆柱受力分析数据、杆柱组合设计数据和扶正器间距设计数据等的管理与查看。

8.2.2　使用说明

1. 井眼轨迹绘制模块

该模块能够完成井眼轨迹数据拟合与绘制。井眼轨迹数据要严格按照图 8－5 所示的格式准备，Excel 文件保存为 . xls 格式。

	A	B	C	D	E
1	序号1	垂深/m	井斜角/(°)	方位/(°)	斜深/m
2	1	0.00	0.00	0.00	0.00
3	2	145.00	1.71	232.15	145.00
4	3	169.99	1.68	282.36	170.00
5	4	194.98	1.64	284.97	195.00
6	5	219.97	1.04	55.57	220.00
7	6	244.95	4.19	76.90	245.00
8	7	269.83	7.16	75.24	270.00

图 8－5　井眼轨迹数据格式准备示例

完成数据准备后，按照以下步骤执行：井号选择→数据导入→轨迹绘制→轨迹分析→返回(主界面)→下一模块(抽油杆柱受力计算与分析)。

2. 抽油杆柱受力计算与分析模块

该模块可计算出不同深度对应的上、下冲程轴向载荷，结果将保存到 Excel 中，并绘制出轴向载荷分布图。抽油杆柱受力计算基础数据按既定格式准备，Excel 文件保存

为 . xls 格式。然后按照以下步骤执行：数据导入→上、下冲程受力计算→杆柱受力图绘制→返回(主界面)→下一模块(抽油杆柱组合优化设计)。

3. 抽油杆柱组合优化设计模块

抽油杆柱组合优化设计数据保存于 Excel 中，按既定格式准备基础数据，各项目名称不可调换位置，Excel 文件保存为 . xls 格式。

完成数据准备后，按照以下步骤执行：数据导入→加重杆设计(下部杆失稳判断→加重杆设计)→加重杆上部杆柱组合设计→工况参数预测→优化设计→返回(主界面)→下一模块(扶正器配置间距优化设计)。

4. 扶正器配置间距优化设计模块

按既定格式准备基础数据，然后按照以下步骤执行：数据导入→加装扶正器后的杆柱受力计算→中和点计算→扶正器间距设计→结束。

8.3 受力计算模型可靠性验证

为了验证本书建立的抽油杆柱受力计算模型及软件的可靠性，对长庆油田 25 口油井抽油杆柱受力进行了计算。将基础数据和杆柱组合数据输入编制的软件，得到理论计算载荷。实测载荷与理论计算载荷对比如表 8－2 所示。

表 8－2　实测载荷与理论计算载荷对比

序　号	杆　级	实测最大载荷/kN	实测最小载荷/kN	计算最大载荷/kN	计算最小载荷/kN	最大载荷误差/%	最小载荷误差/%
1	HL 级	56. 75	32. 82	56. 68	34. 85	0. 12	6. 18
2	HL 级	58. 11	40. 11	59. 82	37. 34	2. 94	6. 90
3	HL 级	63. 81	40. 26	57. 44	37. 79	9. 98	6. 13
4	HL 级	67. 80	39. 81	58. 52	35. 94	13. 66	9. 72
5	HL 级	62. 43	43. 78	59. 20	37. 78	5. 17	13. 70
6	HL 级	59. 47	43. 90	58. 21	42. 98	2. 11	2. 09
7	HL 级	63. 48	44. 14	57. 16	42. 35	9. 95	4. 05
8	HL 级	62. 29	37. 24	58. 66	43. 77	6. 87	17. 50
9	HL 级	61. 29	41. 52	58. 89	44. 10	3. 91	6. 21
10	HL 级	66. 43	52. 96	59. 43	44. 40	10. 53	16. 16
11	HL 级	64. 17	42. 21	61. 50	44. 25	4. 16	4. 83
12	HL 级	62. 60	45. 22	61. 71	46. 21	1. 42	2. 18
13	HL 级	58. 80	51. 85	60. 14	45. 50	2. 27	12. 24
14	HL 级	64. 57	33. 11	62. 16	38. 86	3. 73	17. 36

续表

序号	杆级	实测最大载荷/kN	实测最小载荷/kN	计算最大载荷/kN	计算最小载荷/kN	最大载荷误差/%	最小载荷误差/%
15	HL级	65.16	32.90	59.07	36.31	9.34	10.36
16	HL级	63.04	33.87	59.18	35.96	6.12	6.17
17	HL级	67.84	42.36	61.63	39.05	9.15	7.81
18	HL级	69.10	39.82	58.36	37.28	15.54	6.37
19	HL级	65.32	41.90	59.69	36.49	8.61	12.91
20	HL级	67.35	39.36	58.83	38.45	12.65	2.31
21	D级	53.35	24.10	48.45	24.54	9.18	1.83
22	D级	51.52	30.52	49.92	32.50	3.10	6.48
23	D级	64.51	37.27	60.54	38.10	13.10	3.47
24	D级	54.21	30.36	52.96	28.14	2.30	7.31
25	D级	64.06	31.08	62.38	31.24	2.62	0.51

从表8-2可知，最大载荷误差平均值为6.74%，最小载荷误差平均值为7.63%，实测载荷与理论计算载荷平均误差值为7.19%（小于10%），说明本书中建立的抽油杆柱受力计算模型及编制的软件具有较高的精确度和可靠度，可以用于抽油杆柱优化设计。

8.4 实例应用与分析

8.4.1 基础数据

以长庆油田某区块X井的H级杆柱组合设计为例，说明优化设计效果。

已知M区块X井生产原始数据：井深2577m；油层温度60℃；油压0.8MPa；套压0.4MPa；原油体积系数0.4；地面生产气油比50；泵内溶解气油比2；油管内径62mm；泵径28mm；下泵深度2000m；冲程2.65m；冲次3.5min^{-1}；曲柄半径1m；连杆长度4m；曲柄角速度5.2rad/s；原油密度860kg/m^3；原油黏度14.8mPa·s；含水率60%；柱塞与衬套间距0.1mm；游动阀阀孔直径8mm；流量阀系数0.25；杆管之间摩擦系数0.06；抽油杆密度7850kg/m^3；抽油杆线重24N/m；抽油杆弹性模量2.06×10^{5}MPa；杆柱组合方式为HL级Φ16×1180m+Φ19×820m。

8.4.2 抽油杆柱组合优化设计

以校正的平均角法为理论依据，根据实测井眼轨迹数据，应用软件绘制得到井眼轨迹与轨迹分析结果，如图8-6所示。

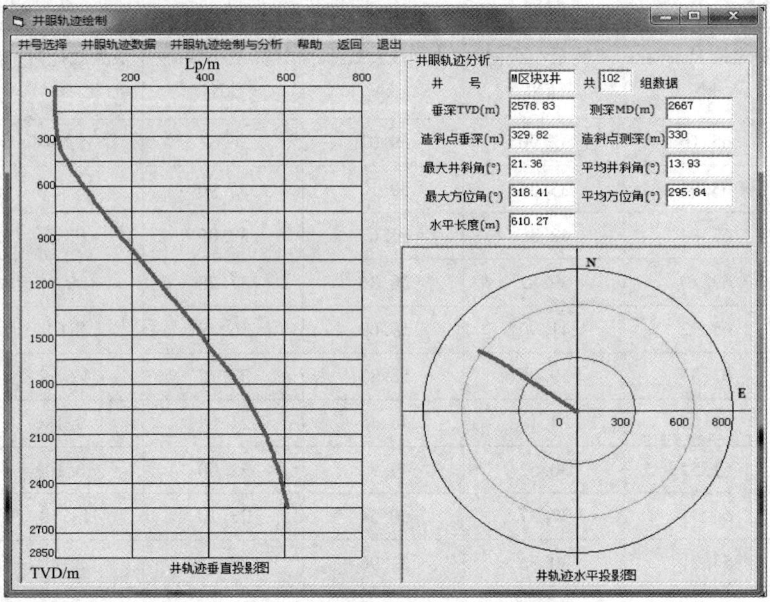

图 8－6　井眼轨迹与轨迹分析结果

进入抽油杆柱受力计算与分析模块，导入杆柱受力计算基础数据。图 8－7 表示的是冲程 2.65m、冲次 3.5min^{-1}时的受力计算基础数据。

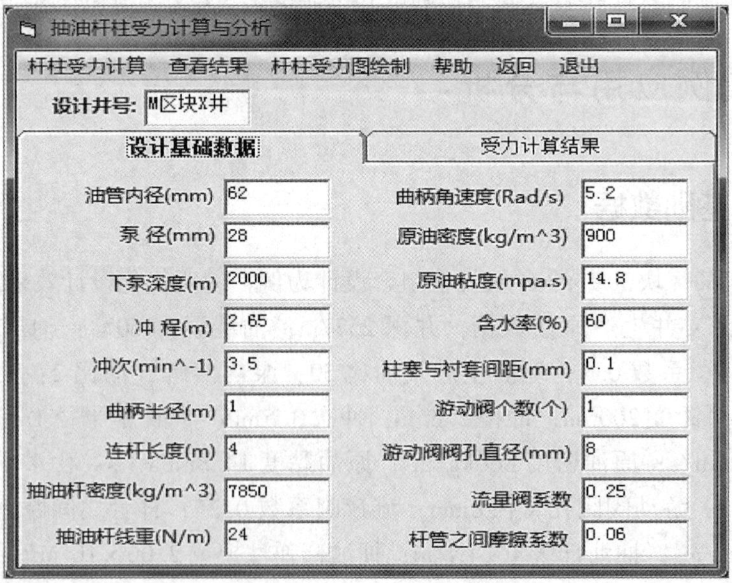

图 8－7　受力计算基础数据

为了检验抽油杆柱受力计算模型的精确性，需要将实际示功图与软件计算载荷进行对比。图 8－8 为抽油杆柱轴向载荷随井深的变化，图 8－9 为 M 区块 X 井实测示功图。

理论计算得到的最大载荷、最小载荷与实测最大载荷、最小载荷对比分析结果如表 8－3 所示。

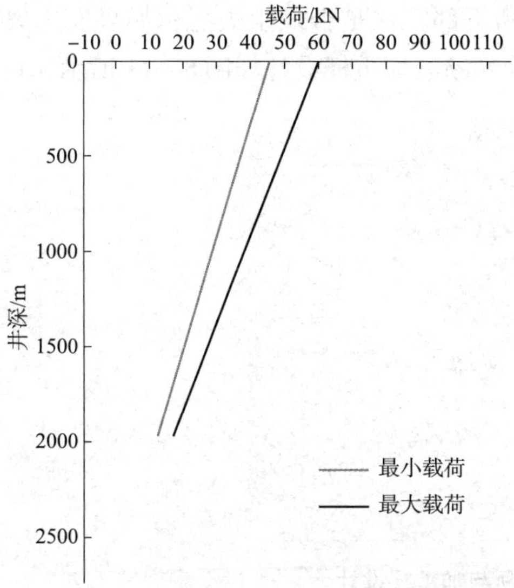

图8-8 抽油杆柱轴向载荷随井深的变化

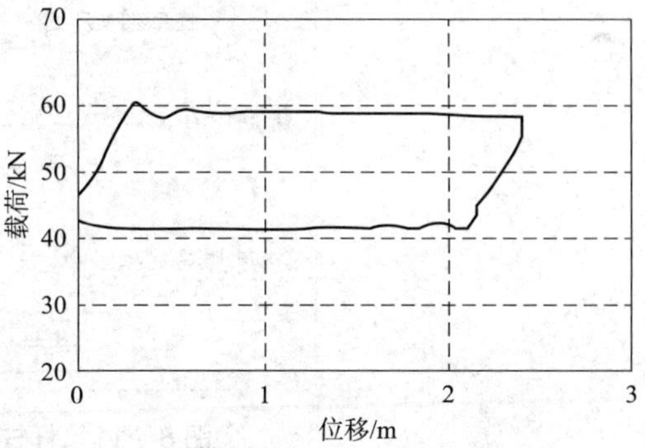

图8-9 M区块X井实测示功图

表8-3 理论计算载荷与实测载荷对比

项　目	最大载荷	最小载荷
理论计算载荷/kN	60.534	45.281
实测载荷/kN	60.486	42.102
相对误差/%	0.08	7.49

从表8-3看出，采用迭代法计算的最大载荷、最小载荷与实测最大载荷、最小载荷的相对误差分别为7.49%、0.08%，均小于10%，说明抽油杆柱受力计算模型理论计算精度符合实际需要。

图8-10是冲程3m、冲次4min^{-1}时的抽油杆柱组合设计基础数据。

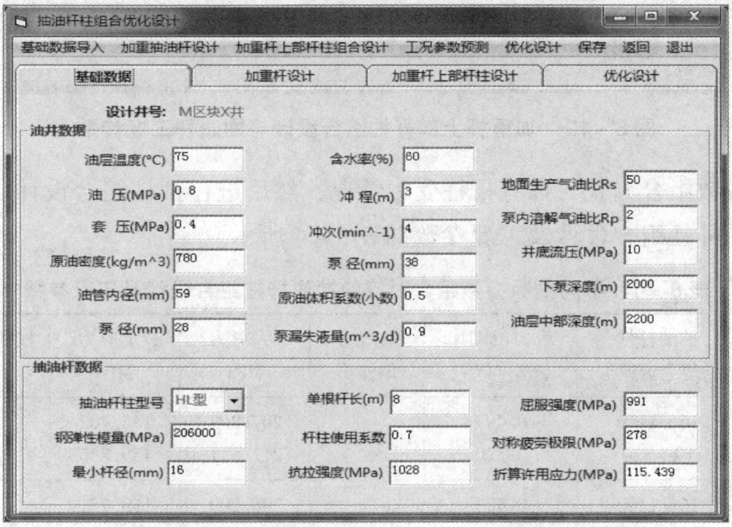

图8-10 抽油杆柱组合设计基础数据

依据前文理论分析及杆柱受力计算结果，判断下部杆柱是否发生失稳，如果发生失稳，则进行加重杆设计，否则停止此项设计。杆柱失稳判断与加重杆设计如图 8－11 所示。

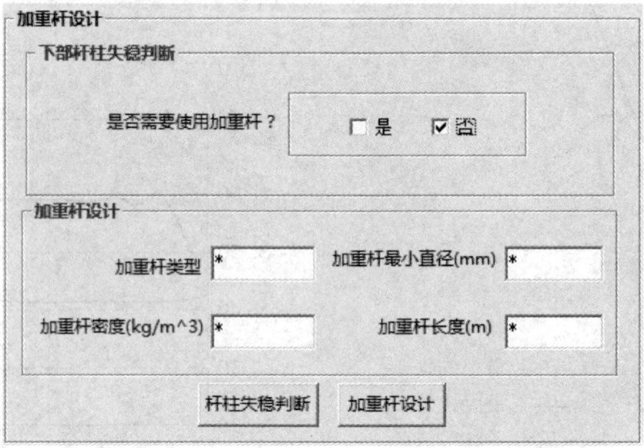

图 8－11　杆柱失稳判断与加重杆设计

加重杆上部杆柱组合设计与抽油杆工况参数如图 8－12 所示。

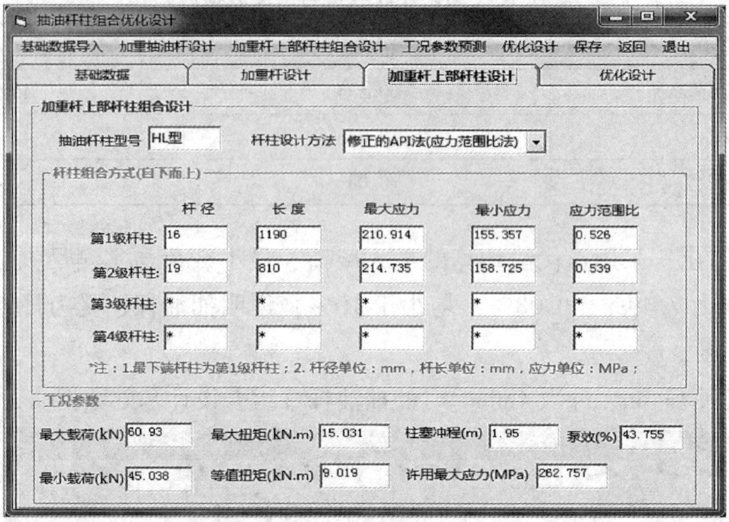

图 8－12　加重杆上部杆柱组合设计与抽油杆工况参数

改变抽吸参数组合方式，计算杆柱受力情况，然后进行杆柱组合设计。不同抽吸参数组合对应的抽油杆柱组合设计及工况参数如表 8－4 所示。

表 8－4　不同抽吸参数组合对应的抽油杆柱组合设计及工况参数

冲程/m	冲次/min^{-1}	抽油杆柱组合方式	应力范围比 (PL_1/PL_2)	PL 偏差值	最大应力/MPa	最小应力/MPa	柱塞冲程/m	泵效/%
3.5	3	16×1180 19×820	0.497 0.520	0.023	207.809 212.524	155.762 159.855	1.951	43.689
4	3	16×1160 19×840	0.493 0.519	0.026	206.209 213.176	153.751 159.457	2.993	31.512

续表

冲程/m	冲次/min^{-1}	抽油杆柱组合方式	应力范围比(PL_1/PL_2)	PL偏差值	最大应力/MPa	最小应力/MPa	柱塞冲程/m	泵效/%
2	4	16×1230 19×770	0.518 0.512	0.006	213.380 212.751	159.857 159.944	0.943	66.033
2.5	4	16×1210 19×790	0.517 0.520	0.003	211.760 213.339	157.843 159.581	1.448	52.696
3	4	16×1190 19×810	0.526 0.539	0.013	210.914 214.735	155.357 158.725	1.954	43.755
3.5	4	16×1180 19×820	0.535 0.552	0.017	210.782 215.564	153.942 157.992	2.481	37.481
3	5	16×1250 19×750	0.609 0.585	0.014	222.154 217.916	158.992 156.545	1.940	44.226
3.5	5	16×1240 19×760	0.619 0.603	0.016	221.436 219.469	156.423 155.594	2.442	37.790

8.4.3 抽油杆柱强度设计结果校核

利用软件绘制出 M 区块 X 井抽油杆柱应力与井深变化关系图，如图 8－13 所示。

由图 8－13 可以看出，在 M 区块 X 井中，上冲程最上端杆柱实际所受最大应力为 213.380MPa，下冲程最上端杆柱实际所受最小应力为 159.944MPa。由于杆径的变化，在第一、第二两级抽油杆相接处出现如图 8－13 所示的折点。

整体上看，从井口到井底，各深度处抽油杆柱所受的最大应力、最小应力均小于许用最大应力，说明本书中所设计的杆柱组合满足强度设计要求。

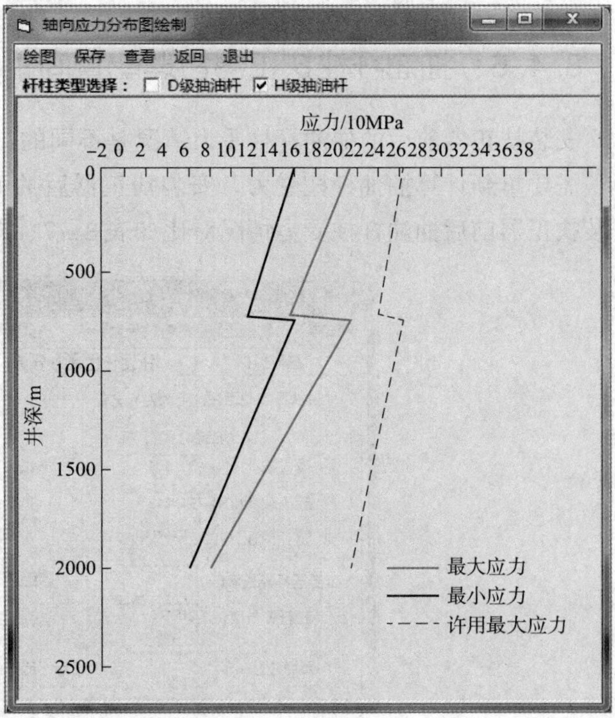

图 8－13 M 区块 X 井抽油杆柱应力与井深变化关系

8.4.4 优化前后对比分析

基于优化目标，从所有抽油杆柱组合设计方案中筛选出最优方案。优化前后的抽油杆柱组合方式对比结果如表 8－5 所示。

表 8－5　优化前后的抽油杆柱组合方式对比结果

方案编号	冲程/m	冲次/min^{-1}	抽油杆柱组合方式	应力范围比（PL_1/PL_2）	PL 偏差值	最大应力/MPa	最小应力/MPa	泵效/%
原方案	2.65	3.5	16×1180 19×820	0.491 0.507	0.016	207.596 212.306	155.896 159.989	49.459
新方案	2.00	4	16×1230 19×770	0.518 0.512	0.006	213.380 212.751	159.857 159.944	66.033

分析表 8－4 与表 8－5 可以得出：改变抽吸参数组合方式后，杆柱组合方式、应力范围比、泵效等参数均发生变化。优化后的各级抽油杆柱顶端的应力范围比平均值较优化前的增大了 3.21%，同时应力范围比偏差值变小；泵效相比优化之前，提高了 16.574%。

一方面由于载荷的理论计算精度符合实际需要，另一方面最优杆柱的强度也满足要求，以泵效为优化目标，优化后的泵效也有提高。因此，抽油杆柱组合优化设计结果是合理的。抽油杆柱组合优化设计结果如表 8－6 所示。

表 8－6　抽油杆柱组合优化设计结果

冲程/m	冲次/min^{-1}	抽油杆柱组合方式
2	4	Φ16mm×1230m＋Φ19mm×770m

8.4.5　抽油杆柱扶正器合理配置间距设计

安装扶正器前后的抽油杆柱受力情况是不同的，为了计算两扶正器之间抽油杆柱的变形，需要重新计算抽油杆柱受力。安装扶正器后抽油杆柱受力分析结果如图 8－14 所示，安装扶正器前后抽油杆柱受力情况对比如表 8－7、图 8－15 所示。

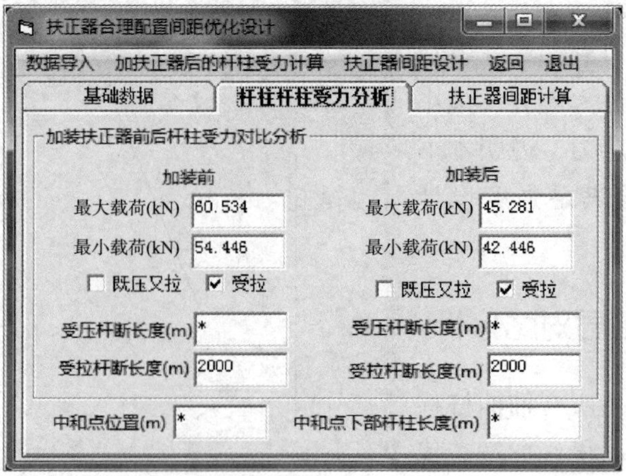

图 8－14　安装扶正器后抽油杆柱受力分析结果

表8-7 安装扶正器前后抽油杆柱受力情况对比

载 荷	安装扶正器前	安装扶正器后	载荷减小值
最大载荷/kN	60.534	45.281	15.253
最小载荷/kN	54.446	42.446	12.000

由图8-15可知：安装扶正器前的杆柱所受载荷均大于安装扶正器后的杆柱所受载荷。杆柱所受载荷不同的原因是安装扶正器后，扶正器与油管壁之间的摩擦代替了杆柱与油管壁之间的摩擦，起到扶正抽油杆柱、减小杆柱偏磨的作用。

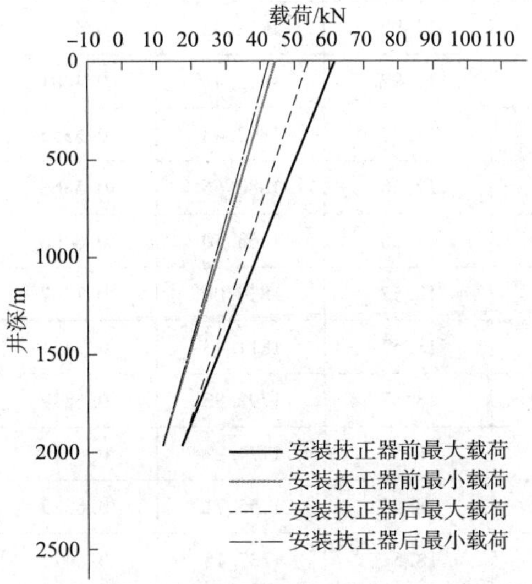

图8-15 安装扶正器前后抽油杆柱轴向力分布

从安装扶正器前后抽油杆柱受力情况来看，下部抽油杆柱不受压，处于拉伸状态。虽然杆柱不会因拉力增加而产生弯曲，但是对于井斜角不断变化的定向井，杆柱受轴向拉力而变直，杆柱一侧与油管壁接触，或多或少会发生偏磨。为了减少或避免偏磨、延长杆柱寿命，需要在狗腿度较大的井段安装扶正器。

通常，安装扶正器是针对下部受压易弯曲杆柱，忽略了上部受拉杆段的偏磨。把整个抽油杆分为若干杆段，应用软件计算每个杆段扶正器配置的平均间距和个数。扶正器间距计算结果如图8-16所示，扶正器间距设计结果如表8-8所示。

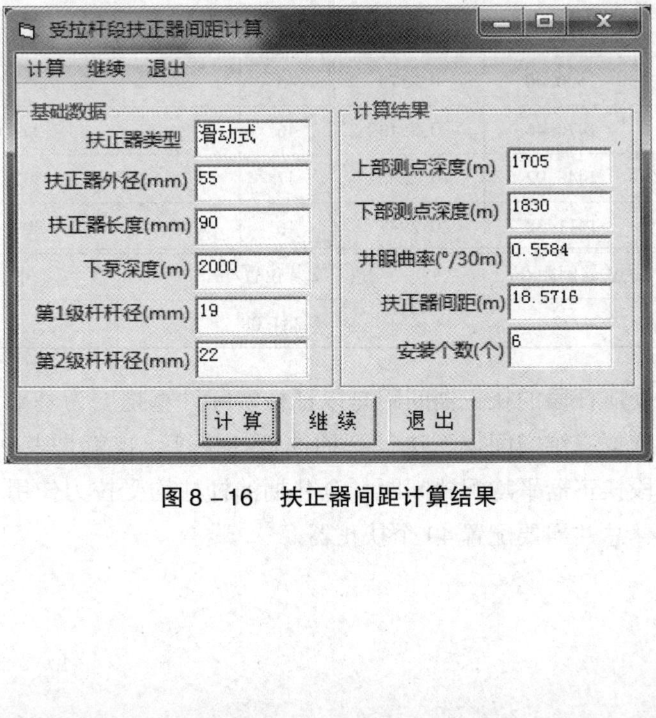

图8-16 扶正器间距计算结果

表 8－8　扶正器间距设计结果

编　号	扶正器间距/m	安装位置/m	井眼曲率/(°/30m)	编　号	扶正器间距/m	安装位置/m	井眼曲率/(°/30m)
1	17.92	1964.16	0.3372	25	29.54	1381.84	0.3218
2	17.92	1946.24	0.2813	26	29.54	1352.30	0.2658
3	17.92	1928.32	0.4281	27	31.56	1250.00	0.1933
4	17.92	1910.41	0.4281	28	31.56	1218.44	0.1897
5	17.92	1892.48	0.5355	29	31.56	1186.88	0.1806
6	17.26	1880.66	0.5366	30	31.56	1155.32	0.1895
7	17.26	1863.40	0.6466	31	31.56	1123.76	0.1787
8	18.57	1830.00	0.7267	32	31.56	1092.20	0.1772
9	18.57	1811.43	0.7451	33	45.33	980.00	0.1189
10	18.57	1792.86	0.6829	34	45.33	934.67	0.0982
11	18.57	1774.29	0.6829	35	45.33	889.34	0.0811
12	18.57	1755.72	0.6829	36	45.33	844.01	0.1081
13	18.57	1737.15	0.6472	37	45.33	798.68	0.0823
14	27.35	1705.00	0.5584	38	45.33	753.35	0.0757
15	27.35	1667.65	0.2093	39	59.78	705.00	0.0592
16	27.35	1650.30	0.1565	40	59.78	645.22	0.1036
17	27.35	1622.95	0.1777	41	59.78	585.44	0.0481
18	27.35	1595.60	0.1963	42	59.78	525.66	0.0936
19	27.35	1568.25	0.2311	43	24.32	430.00	0.1217
20	27.35	1540.90	0.2391	44	24.32	405.68	0.1458
21	29.54	1500.00	0.2575	45	24.32	381.36	0.1217
22	29.54	1470.46	0.2513	46	24.32	357.06	0.1131
23	29.54	1440.92	0.3230	47	24.32	332.72	0.8826
24	29.54	1411.38	0.2947	48	24.32	308.40	0.6937

编　号	扶正器间距/m	安装位置/m	井眼曲率/(°/30m)
49	24.32	284.08	0.6279

一般情况下，受压杆段的扶正器间距是以杆柱实际计算挠度为基础设计的，而当抽油杆柱受拉时，不能依据三维空间模型法计算抽油杆柱挠度，也就是表 8－9 中是计算得到的受拉杆段的各分段扶正器平均配置间距。全井抽油杆柱均受拉力作用，从抽油杆柱底部到其顶部分为 9 段，总共需要配置 49 个扶正器。

表8-9 各分段扶正器平均配置间距、比例及安装数量

编 号	井段范围/m	配置比例/(个/根)	平均配置间距/m	安装数量/个
1	1880~2000	1/2	17.92	5
2	1860~1880	1/1	17.26	2
3	1705~1830	1/2	18.57	6
4	1500~1705	1/3	27.35	7
5	1250~1500	1/3	29.54	6
6	980~1250	1/3	31.56	6
7	705~980	1/4	45.33	6
8	430~705	1/5	59.48	4
9	28~430	1/3	24.32	7

注：扶正器配置比例为扶正器安装数量与抽油杆根数的比例。

扶正器间距与井眼曲率有关，图8-17是扶正器间距与井眼曲率关系图。

从图8-17看出：井眼曲率越大，扶正器间距越小；井眼曲率越小，扶正器间距越大。

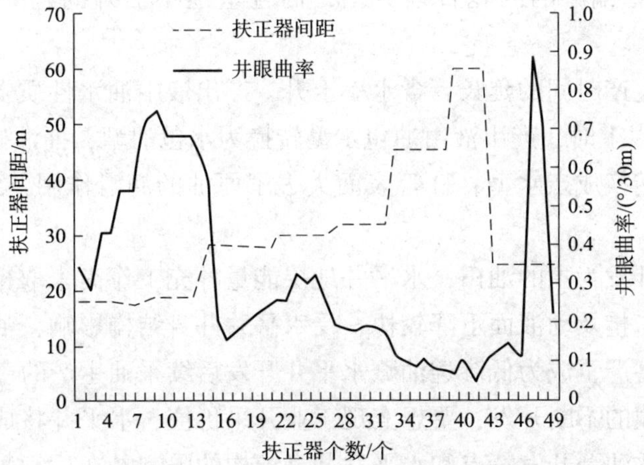

图8-17 扶正器间距与井眼曲率关系

第9章　水平井杆管偏磨及防治

随着油气开采技术的发展，水平井开采已经成为主流。截至2011年，中国石油共有1296口水平井，中国石化共有3625口水平井。2012年，中国石油和中国石化水平井数量合计突破6000口，且此后国内每年水平井数量增速均大于30%。

随着水平井大规模的投入，水平井杆管偏磨现象日益突出，主要表现在以下三个方面：

一是水平井在油田生产井中所占比重上升，且偏磨趋于严重。我国油田浅层油藏及高渗透油藏已经被动用，20世纪90年代后期，伴随着钻井技术的发展和突破，全国各大油田由直井、定向井、大斜度井向水平井、侧钻水平井方向发展，由于这些井井身结构原因造成采油过程中杆管偏磨的问题日渐突出，而且呈逐年上升的趋势，逐渐引起人们的重视。

二是随着油井生产时间的延长，含水率上升，产出液中油水性质发生变化。当产出液中含水率达到75%以上时，产出液由油包水型转换为水包油型，抽油杆和油管表面润湿性也由原来的亲油型转换成亲水型，杆管表面失去了原油的润滑作用，致使杆管摩阻增加，偏磨加重。

三是以水平井开发为主的油田，水平井地层能量补充工作尚未取得突破，依靠天然能量进行开发，油井产量及动液面下降较快，受水平井井身结构影响，油井造斜点以下井段井斜较大，杆管偏磨严重成为低渗透油藏水平井开发后续采油生产的主要问题。

随着低渗透油藏的不断开发，要想实现工业开采价值，水平井将成为各油田首选的开采方式，但受低渗透油藏开发特点和水平井井身结构的限制，在后续采油过程中，油井偏磨将会是制约生产的主要问题，因此水平井偏磨机理研究及防偏磨技术配套治理对水平井开发后期生产具有重要意义。

产生油井杆管偏磨的因素主要有井身结构、杆管的弹性变形、高含水、产出液腐蚀性及工作制度等，因此结合水平井井眼轨迹特征，对抽油杆柱进行受力分析，研究抽油杆柱在三维井眼中的屈曲变形问题，正确认识杆管偏磨的具体原因；同时根据产出液性质，进一步分析含水率及腐蚀对偏磨程度的影响，为后期制定防偏磨方案提供理论依据；最后根据油井偏磨特点及防偏磨工具特点，形成一套经济、有效的防偏磨配套方案，达到降本增效的目的，具有重要的现实意义和经济意义。

9.1 杆管偏磨现状

近几年，随着国内水平井技术的突破和推广，油井生产时间延长，泵挂加深，井斜增大，水平井生产管理中杆管偏磨问题日益突出，由于国内水平井规模开发时间较短，井下生产杆管受力分析、偏磨机理及防偏磨配套治理技术还不够完善，未能有效解决水平井深抽偏磨问题。

江苏油田采油一厂1999年共有432口油井，其中大多数为水平井、斜井，年油井维护作业257井次，其中因偏磨原因进行维护作业174井次，且部分井因严重偏磨而频繁作业，油井维护成本较高。当年因杆管偏磨分别报废油管6212根、抽油杆9653根，造成直接经济损失近400万元。

中国石化华北油气分公司红河油田位于鄂尔多斯盆地，属于典型的低渗、超低渗油藏，首创了油藏整体水平井开发。2011—2014年，共完钻开发井约500口，其中水平井占89%以上，目前红河油田主要以水平井开发为主，其产量占总产量的90%以上。该油田储层为致密砂岩储层，主要以裂隙、裂缝含油为主，初期产液量较高，递减较快，目前主要以天然能量开发，由于地层导压能力较差，井筒近井地带能量不能得到及时补充，油井产量在递减初期下降较快，所以不断加深泵挂生产，受水平井井斜影响，杆管偏磨加剧。据2014年的数据统计，工区平均泵挂深度1740m，平均沉没度235m，造斜点平均深度1820m，泵挂基本下至造斜点附近。

2012—2013年，集中进行新投井下泵生产，投产初期，地层供液充足，泵挂普遍下至造斜点以上井段生产，偏磨现象较少。随着油井生产时间延长，地层能量下降，含水率上升，不断加深泵挂生产。2014年，共加深泵挂生产86井次，目前泵挂下过造斜点井125口。2013年、2014年，全年偏磨躺井占总躺井比例分别为17%、22%，呈上升趋势，严重影响油井生产时率，同时油井维护作业费用大幅增加。2013—2015年，平均年油井维护费用1700万元以上，导致油井生产成本大幅增加，因此认识水平井偏磨机理及研究应用防偏磨措施，形成一套经济、有效的防偏磨配套治理体系迫在眉睫。

9.2 杆管偏磨特点

油井杆管偏磨问题在各油田中普遍存在，但造成杆管偏磨的主要因素因各油田生产的特殊性而不尽相同，通过各大油田油井杆管偏磨总结、对比、分析，油井杆管偏磨也存在以下几方面共同特征：

(1)油井产出液含水率大于75%时，井下生产杆管表面润滑性发生变化，直井、斜井及水平井，普遍存在杆管偏磨现象，同时在油井直井段及造斜点以下井段都存在不同程度的偏磨现象，且偏磨加剧。

(2)随着油井生产时间延长，不断加深泵挂生产，杆柱下行阻力增加，弯曲概率及弯曲程度增大，导致杆管偏磨加剧。

(3)据沉没度统计分析，沉没度较低的油井容易发生杆管偏磨，由于生产杆柱受液击振荡作用，容易导致杆柱弯曲，与油管发生接触偏磨。

(4)杆管偏磨严重的油井，抽吸参数(冲程×冲次)相对较高，杆管偏磨次数增加，使用寿命缩短。

(5)杆管偏磨位置分析，抽油杆柱和油管柱偏磨位置主要集中在下部，一般在泵上0~600m井段，部分井受井身结构影响，偏磨位置同时分布在井口附近。

(6)抽油杆偏磨形式主要表现为接箍偏磨和本体偏磨，由于抽油杆接箍外径较大，强度较高，不易弯曲，优先与油管接触，产生较大的支力；抽油杆本体偏磨井段狗腿度较大，受井斜影响，导致杆柱弯曲偏磨。

(7)油管偏磨形式主要表现为接箍磨穿，导致渗漏和本体磨损，由于受管柱内液柱高压作用，油管本体发生刺漏，形成一条刺漏纵向裂缝。

9.3 杆管偏磨机理

水平井杆管偏磨主要受井身结构、杆管组合、生产参数、原油物性等因素影响。

1. 井身结构

根据油井测斜数据建立三维井眼轨迹并进行分析，水平井井眼轨迹存在一定程度的螺旋弯曲，导致生产杆管在井筒中所呈现的工作状态也呈三维曲线状态，完全受井身结构的约束，生产过程中抽油杆与油管相互接触偏磨是不可避免的。

部分井受钻井、地层及地面等综合因素影响，往往造斜点较高，同时地层供液能力较差，将抽油泵下至造斜点以下井段生产，井眼弯曲直接导致抽油杆与油管接触偏磨。

2. 杆管弹性变形

抽油杆柱失稳弯曲变形是造成杆管偏磨的主要原因。上冲程中，生产管柱内液柱载荷由油管转移到抽油杆上，油管卸载弹性收缩产生弯曲，造成杆管接触摩擦；当上部井段存在局部弯曲时，杆管相互接触，受下部抽油杆柱拉力作用，抽油杆对油管的正压力增大，杆管偏磨加剧。

下冲程中，液柱载荷由抽油杆转移到油管上，同时受柱塞与泵筒间摩擦力、液体通过游动阀产生的阻力及井液对抽油杆的浮力作用，中和点下部杆柱受压失稳弯曲，造成杆管相互接触偏磨。

3. 产出液

油井产出液含水率越高，杆管偏磨越严重，含水率对杆管偏磨影响主要有以下三个方面：

第一方面，含水率升高，杆管表面摩擦系数增大。产出液含水率较低时，杆管表面处于良好的油润滑状态，动摩擦因数较小，磨损较轻；当含水率大于75%时，杆管摩擦处于水润滑状态，动摩擦因数增加，杆管磨损严重。

第二方面，含水率升高，杆管表面腐蚀加快，偏磨加剧。偏磨和腐蚀相互促进，二者相互作用，对金属破坏性更大。杆管偏磨导致表面氧化膜保护层或防腐层被破坏，在井下高温及杆管摩擦产生的热能作用下，使杆管表面铁分子活化，成为电化学腐蚀的阳极，形成大阴极小阳极的电化学腐蚀，同时产出液是强电解质，具有强腐蚀性，对电化学腐蚀起催化作用，从而偏磨处优先被腐蚀，且杆管表面磨损更严重。

产出液中含有多种腐蚀成分，当产出液含水率较低时，少部分游离水与杆管表面接触，腐蚀程度较小；当含水率升高时，产出液由油包水型转换为水包油型，杆管表面润湿性发生变化，由亲油型转换为亲水型，在水中离子和细菌的作用下使井液对杆管的腐蚀加快。

第三方面，含水率升高，井液密度增加，生产管柱内流体对抽油杆柱的浮力增加，下冲程中，抽油杆柱下行阻力增大，中和点上移，抽油杆柱容易发生失稳弯曲，杆管接触偏磨概率增大。

4. 油井抽吸参数

部分油井为了加快提液速度，上调冲次生产，导致抽油杆下行速度滞后于驴头的运动速度，中和点以下杆柱容易发生失稳屈曲变形与油管发生接触摩擦。泵径越大，抽油杆柱下行阻力越大，导致杆管弯曲接触偏磨的概率也越大。油井沉没度对偏磨的影响主要表现为：当沉没度较大时，柱塞下行，底部上顶压力增大，杆柱螺旋屈曲严重，偏磨加剧；当沉没度较小时，容易造成泵筒供液不足，当柱塞下行时，产生液击现象，抽油杆柱容易发生失稳弯曲偏磨。

5. 油井结蜡、结垢

油井井筒上部井段由于受温度、压力影响，抽油杆表面及油管内壁容易结蜡，导致生产管柱堵塞，抽油机上行载荷增大、下行阻力增大，抽油杆柱中和点上移，下部杆柱螺旋屈曲严重，偏磨加剧。生产管柱最下部井段由于受温度、压力影响，往往是结垢的主要部位，当油井生产时间延长，杆管结垢严重，直接导致抽油杆上、下行阻力增加，抽油杆柱中和点上移，下部杆柱弯曲，偏磨加重。

9.4 抽油杆柱受力分析

9.4.1 游梁式抽油机运动规律分析

抽油机驴头上、下行运动过程中，速度及加速度不断发生变化，从而导致抽油杆柱在上、下行过程中受力也随之发生变化，为研究抽油杆柱受力变化，需要先研究抽油机运动规律。

游梁式抽油机运动结构如图 9 - 1 所示，抽油机四连杆分别为 OA、AB、BO_1、O_1O，其中游梁支撑点中心与曲柄轴中心 O_1O 是假设存在的连杆，其长度分别为 R、R_1、R_2、R_4。

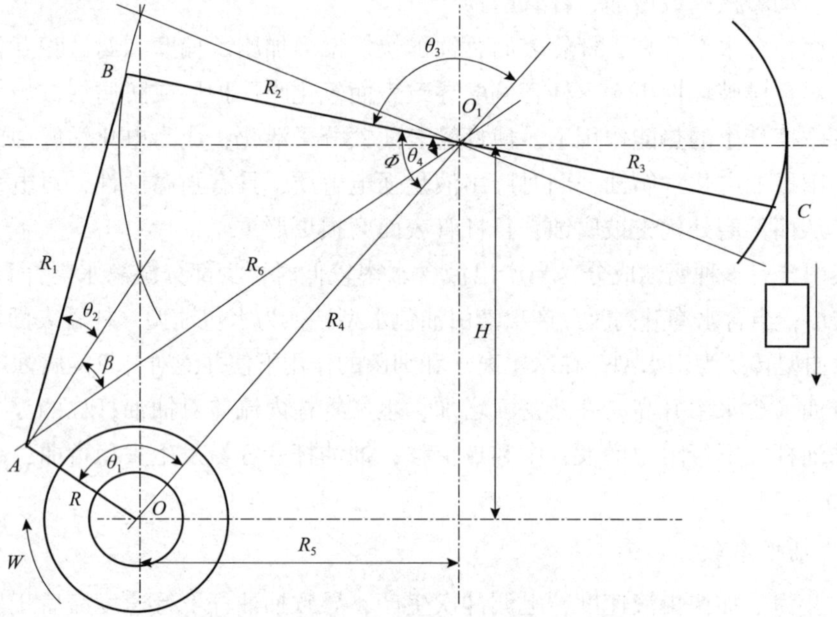

图 9－1　游梁式抽油机运动结构示意图

图 9－1 中各符号、变量规定如下：

(1)规定抽油机悬点位于下死点时为曲柄旋转角度 θ，θ 为 0，曲柄旋转以顺时针为正方向。

(2)规定 3 根连杆旋转角度 θ_2、θ_3、θ_4，起始边为 O_1O，以逆时针旋转为正方向。

(3)曲柄半径为 R，m；连杆长度为 R_1，m；游梁后臂长度为 R_2，m；游梁前臂长度为 R_3，m；游梁支撑中心与曲柄轴中心距离为 R_4，m；R_4 在横向上的投影长度为 R_5，m；R_4 在纵向上的投影长度为 H，m；游梁后臂与基准线 O_1O 之间的夹角为 Φ，(°)；曲柄角速度为 W，rad/s。

(4)规定连杆角速度为 $W_{连}$，rad/s，其角加速度为 $\varepsilon_{连}$，rad/s^2；游梁运动角速度为 $W_{梁}$，rad/s，其角加速度为 $\varepsilon_{梁}$，rad/s^2；驴头悬点速度为 v，m/s；悬点加速度为 a，m/s^2；曲柄角加速度为 ε，rad/s^2。

根据游梁式抽油机运动结构示意图及各部件运动关系，可以推导出：

①曲柄转角 θ_1，如式(9－1)～式(9－4)所示：

$$\theta_5 = \arcsin\frac{R_5}{R_4} \tag{9-1}$$

$$\theta_6 = \theta_5 - \arccos\frac{(R+R_1)^2 + R_4^2 + R_2^2}{2(R+R_1)R_4} \tag{9-2}$$

$$\theta = \omega t \tag{9-3}$$

$$\theta_1 = 2\pi - \theta + \theta_5 - \theta_6 \tag{9-4}$$

②游梁支撑中心与曲柄轴外端的距离 R_6，如式(9－5)所示：

$$R_6=\sqrt{R^2+R_4^2-2RR_4\cos\theta_1} \tag{9-5}$$

由正弦定理可得任意时刻曲柄转角，如式(9-6)所示：

$$\beta=\arcsin\left(\frac{R}{R_6}\sin\theta_1\right) \tag{9-6}$$

③各连杆夹角 θ_2、θ_3、θ_4 如式(9-7)~式(9-9)所示：

$$\theta_2=\arccos\frac{R_1^2-R_6^2-R_2^2}{2R_2R_6}-\beta \tag{9-7}$$

$$\theta_3=\arccos\frac{R_1^2-R_6^2-R_2^2}{2R_2R_6}-\beta \tag{9-8}$$

$$\theta_4=\arccos\frac{R_2^2+R_6^2-R_1^2}{2R_2R_6} \tag{9-9}$$

④游梁后臂与基准线 O_1O 之间的夹角 Φ 如式(9-10)所示：

$$\Phi=\theta_4+\beta \tag{9-10}$$

通过计算可求得连杆和游梁运动的角速度 $W_{连}$、$W_{梁}$，如式(9-11)、式(9-12)所示：

$$W_{连}=\frac{-RW}{R_1}\cdot\frac{\sin(\theta_3-\theta_1)}{\sin(\theta_2-\theta_3)} \tag{9-11}$$

$$W_{游}=\frac{-RW}{R_2}\cdot\frac{\sin(\theta_3-\theta_1)}{\sin(\theta_2-\theta_3)} \tag{9-12}$$

对时间进行求导可得连杆及游梁运动角加速度：当曲柄匀速转动时，其角加速度 $\varepsilon=0$。

$$\varepsilon_{连}=W_{连}[(W_{游}+W)\tan^{-1}(\theta_3-\theta_1)-(W_{连}-W_{游})\tan^{-1}(\theta_2-\theta_3)] \tag{9-13}$$

$$\varepsilon_{游}=W_{游}[(W_{连}+W)\tan^{-1}(\theta_2-\theta_1)-(W_{连}-W_{游})\tan^{-1}(\theta_2-\theta_3)] \tag{9-14}$$

规定抽油机驴头下死点为驴头位移零点，悬点向上运动为位移的正方向，则悬点速度 v、加速度 a 分别如式(9-15)、式(9-16)所示：

$$v=W_{游}R_3 \tag{9-15}$$

$$a=\varepsilon_{游}R_3 \tag{9-16}$$

当抽油机驴头位于下死点及上死点两个极限位置时，基准线与游梁后臂之间的最大夹角 Φ_{max} 和最小夹角 Φ_{min} 计算如式(9-17)、式(9-18)所示：

$$\Phi_{max}=\arccos\frac{R_2^2+R_4^2-(R+R_1)^2}{2R_2R_4} \tag{9-17}$$

$$\Phi_{min}=\arccos\frac{R_2^2+R_4^2-(R_1-R)^2}{2R_2R_4} \tag{9-18}$$

则抽油机悬点光杆冲程 s 如式(9-19)所示：

$$s=(\Phi_{max}-\Phi_{min})R_3 \tag{9-19}$$

则抽油机悬点任意时刻位移 u 如式(9-20)所示：

$$u=(\Phi_{max}-\Phi)R_3 \tag{9-20}$$

通过计算，以 CYJT10-3-37HY 型抽油机为例，可以作出抽油机悬点位移、速度及加速度变化曲线，如图9-2~图9-4所示。

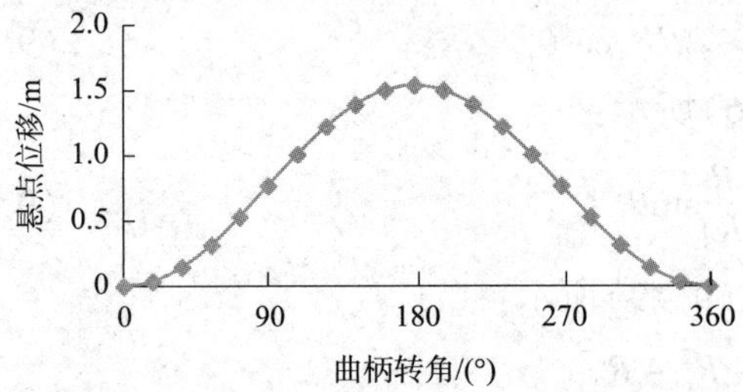

图 9-2 悬点位移与曲柄转角关系曲线

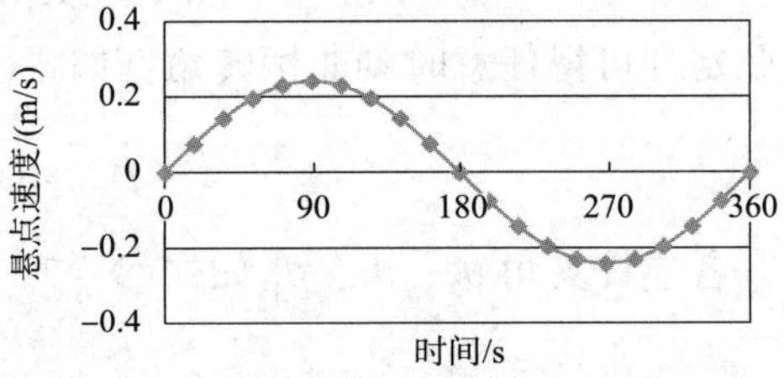

图 9-3 悬点速度与时间关系曲线

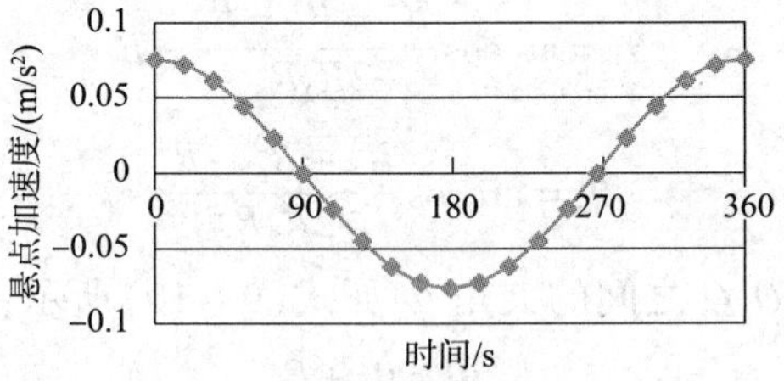

图 9-4 悬点加速度与时间关系曲线

通过分析，抽油机悬点在上、下冲程中有如下规律：悬点速度变化规律相似，先增大后减小，方向不变，且在上、下死点速度减为零；悬点加速度方向和大小均发生变化，对抽油杆柱惯性力影响较大，所以抽油杆柱受力分析应结合抽油机悬点运动规律进行分析。

9.4.2 三维井眼中抽油杆柱空间几何关系

水平井井眼轨迹是一条三维空间扭曲曲线，研究抽油杆柱在井筒中的受力特点，需要充分考虑井眼轨迹对抽油杆柱的受力影响，主要有油管对抽油杆柱的支力作用。取井筒中抽油杆柱的一微元段为研究对象，假设微元段的井眼曲率为定值，认为抽油杆柱为柔性杆，不受其刚度影响，抽油杆柱与井壁连续接触，且轴线与井眼轴线一致。将油管对抽油杆柱支力 N 分解到两个相互垂直的平面上，即狗腿角所在平面和与该平面相垂直的平面，微元段受力模型如图 9-5 所示。

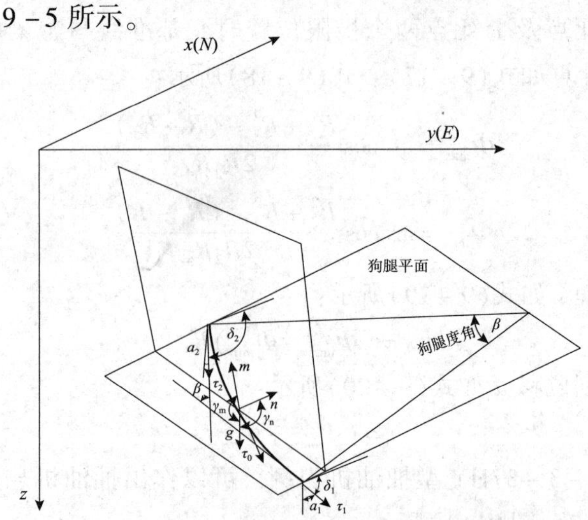

图 9-5 微元段受力模型

$\overrightarrow{\tau_1}$、$\overrightarrow{\tau_2}$为杆柱微元段两端的单位切向量；$\overrightarrow{\tau_0}$为杆柱微元段中点处的单位切向量；β 为 $\overrightarrow{\tau_1}$、$\overrightarrow{\tau_2}$之间的夹角，即微元段在狗腿平面内的狗腿角；$\vec{n}$、$\vec{m}$ 为微元段在狗腿平面和垂直于狗腿平面的单位法向量；$\overrightarrow{a_1}$、$\overrightarrow{a_2}$为微元段两端的井斜角；$\overrightarrow{\delta_1}$、$\overrightarrow{\delta_2}$为微元段两端的方位角；$\overrightarrow{\gamma_1}$、$\overrightarrow{\gamma_2}$为狗腿平面和与之垂直平面内的单位法向量与重力矢量之间的夹角。

(1)杆柱微元段两端的单位切向量与其两端井斜角和方位角存在的关系如式(9-21)、式(9-22)所示：

$$\vec{\tau} = \sin a_1 \sin\delta_1 \vec{l} + \sin a_1 \cos\delta_1 \vec{j} - \cos a_1 \vec{k} \tag{9-21}$$

$$\overrightarrow{\tau_2} = \sin a_2 \sin\delta_2 \vec{l} + \sin a_2 \cos\delta_2 \vec{j} - \cos a_2 \vec{k} \tag{9-22}$$

(2)狗腿度与微元段两端井斜角和方位角存在的关系如式(9-23)、式(9-24)所示：

$$\cos\beta = \cos a_1 \cos a_2 + \sin a_1 \sin a_2 \cos(\delta_2 - \delta_1) \tag{9-23}$$

$$\sin\frac{\beta}{2} = \sqrt{\sin^2\left(\frac{a_2 - a_1}{2}\right) + \sin^2\left(\frac{\delta_2 - \delta_1}{2}\right)\sin a_1 \sin a_2} \tag{9-24}$$

(3)杆柱微元段中点处的单位切向量与其两端单位切向量存在的关系如式(9-25)所示：

$$\overrightarrow{\tau_0} = \frac{\overrightarrow{\tau_1} + \overrightarrow{\tau_2}}{\left|\overrightarrow{\tau_1} + \overrightarrow{\tau_2}\right|} = \frac{1}{\sqrt{2(1+\cos\beta)}}[(\sin a_1 \sin\delta_1 + \sin a_2 \sin\delta_2)\vec{l} + (\sin a_1 \cos\delta_1 + \sin a_2 \cos\delta_2)]\vec{j} - (\cos a_1 + \cos a_2)\vec{k} \tag{9-25}$$

(4)垂直于狗腿平面的单位切向量与其两端单位切向量存在的关系如式(9-26)所示：

$$\vec{m} = \vec{\tau} \times \frac{\overrightarrow{\tau_2}}{\sin\beta} = m_1 \vec{l} + m_2 \vec{j} + m_3 \vec{k} \tag{9-26}$$

其中，各系数计算如式(9-27)~式(9-29)所示：

$$m_1 = \frac{1}{\sin\beta}(\sin a_2 \cos\delta_2 \cos a_1 - \sin a_1 \cos\delta_1 \cos a_2) \tag{9-27}$$

$$m_2 = \frac{1}{\sin\beta}(\sin a_1 \cos\delta_1 \cos a_2 - \sin a_2 \cos\delta_2 \cos a_1) \tag{9-28}$$

$$m_3 = \frac{1}{\sin\beta}(\sin a_1 \sin\delta_2 \sin a_2 \cos\delta_2 - \sin a_2 \sin\delta_2 \sin a_1 \cos\delta_1) \tag{9-29}$$

(5)狗腿平面中指向圆弧中心的单位切向量可以用垂直于狗腿平面的单位法向量及微元段中点的单位切向量表示，如式(9-30)所示：

$$\begin{aligned}\vec{n} = \vec{m} \times \overrightarrow{\tau_0} = &-[m_3(\sin a_1 \cos\delta_1 + \sin a_2 \cos\delta_2) + m_2(\cos a_1 + \cos a_2)]\vec{l} + \\ &[m_3(\sin a_1 \sin\delta_1 + \sin a_2 \sin\delta_2) + m_1(\cos a_1 + \cos a_2)]\vec{j} - \\ &[m_2(\sin a_1 \sin\delta_1 + \sin a_2 \sin\delta_2) - m_1(\sin a_1 \cos\delta_1 + \sin a_2 \cos\delta_2)]\vec{k}\end{aligned} \tag{9-30}$$

(6)狗腿平面和与之垂直平面内的单位法向量与重力矢量之间的夹角，其空间几何关系如式(9-31)、式(9-32)所示：

$$\cos\gamma_{\mathrm{n}} = \sin\frac{a_1 + a_2}{2}\sin\frac{a_1 - a_2}{2}/\sin\frac{\beta}{2} \tag{9-31}$$

$$\cos\gamma_{m} = \sin a_1 \sin a_2 \sin(\delta_2 - \delta_1)/\sin\beta \quad (9-32)$$

通过建立抽油杆柱在水平井井眼中三维空间几何关系，推导出狗腿平面和与之垂直平面内的单位法向量与重力矢量之间的夹角余弦值，为抽油杆柱力学模型建立及受力分析提供依据。

9.4.3 抽油杆柱接箍效应

在传统抽油杆柱受力分析中，往往忽略了抽油杆接箍及扶正器的影响，由于其外径相对抽油杆本体较大，生产过程中造成流体通道截面积发生突变，流体运动速度及运动方向发生变化，进而产生局部阻力能量损失。生产中主要表现为抽油杆柱轴向载荷分布发生变化，下冲程中抽油杆柱中和点上移，杆柱屈曲变形严重，杆管偏磨加剧。

在不考虑抽油泵漏失的情况下，默认为上冲程中生产管柱内流体与抽油杆同步向上运动，相对静止，流体在接箍或扶正器处不会影响抽油杆柱轴向力的大小；下冲程中流体通过接箍和扶正器(生产管柱变径)处产生局部阻力损失的计算如下：

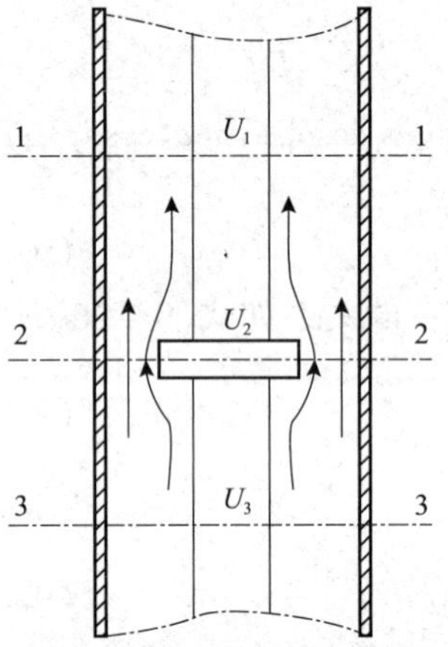

图9-6 流体通过生产管柱变径处示意图

抽油杆本体与油管组成的环形空间如图9-6中截面1-1和截面3-3所示，抽油杆接箍与油管组成的环形空间为截面2-2。当流体通过接箍下截面时，环空通道截面由截面3-3缩小为截面2-2；当流体通过接箍流经上截面时，环空管道的面积由截面2-2突然扩大为截面1-1。

(1)杆管环空截面积突然由截面3-3缩小为截面2-2，流体流动产生的局部阻力能量损失计算如式(9-33)所示：

$$h_{mj1} = \xi_{j1} \cdot \frac{U_{jt}^2}{2g} \quad (9-33)$$

(2)杆管环空截面积突然由截面2-2扩大为截面1-1，流体流动产生的局部阻力能量损失计算如式(9-34)所示：

$$h_{mj2} = \xi_{j2} \cdot \frac{U_{jt}^2}{2g} \quad (9-34)$$

式中 h_{mj1}——流体通过抽油杆接箍，截面积突然缩小时产生的局部阻力损失，Pa；

h_{mj2}——流体通过抽油杆接箍，截面积突然扩大时产生的局部阻力损失，Pa；

U_{jt}——流体在抽油杆接箍与油管环空中流速的平均值，m/s。

U_{jt}可由$Q_a = U_{jt} \cdot A_{jt}$计算得到，$Q_a$为流体在生产杆管环空中流动时的平均流量，$m^3/s$；$A_{jt}$为抽油杆接箍与油管环空横截面积，$m^2$。

ξ_{j1}为流体通过抽油杆接箍处管道截面突然缩小时的阻力系数，其计算如式(9-35)所示：

$$A_{jt}/A_{rt} = (d_t^2 - d_j^2)/(d_t^2 - d_r^2) \quad (9-35)$$

根据式(9-35)，查表9-1中实验数据可以得到：

表9-1 截面突然收缩管道的阻力系数值

A_{jt}/A_{rt}	0.015	0.10	0.22	0.31	0.40	0.51	0.60	0.72	0.80	0.91	1.00
ξ_{j1}	0.510	0.458	0.425	0.377	0.325	0.264	0.200	0.126	0.063	0.021	0

ξ_{j2}为流体经过抽油杆接箍处管道截面突然扩大时的阻力系数，其计算如式(9-36)所示：

$$\xi_{j2}=\left(\frac{A_{jt}}{A_{rt}}-1\right)^2=\left(\frac{d_j^2-d_r^2}{d_t^2-d_r^2}\right)^2 \tag{9-36}$$

综上分析，流体在生产管柱内经过接箍时，引起的局部阻力损失如式(9-37)所示：

$$h_{mj}=(\xi_{j1}+\xi_{j2})\cdot\frac{U_{jt}^2}{2g} \tag{9-37}$$

式中 h_{mj}——流体通过抽油杆接箍处时产生的局部阻力损失，Pa。

当偏磨井采用抽油杆扶正器生产时，流体流经扶正器也会产生局部阻力能量损失，其计算方法同上，当流体在生产管柱内流经一个扶正器时，其引起的局部阻力损失如式(9-38)所示：

$$h_{mf}=(\xi_{f1}+\xi_{f2})\cdot\frac{U_{ft}^2}{2g} \tag{9-38}$$

式中 h_{mf}——流体通过扶正器时产生的局部阻力损失，Pa；

U_{ft}——流体在抽油杆扶正器与油管环空中流速的平均值，m/s。

U_{ft}由$Q_a=U_{ft}\cdot A_{ft}$计算得到，Q_a为流体在生产杆管环空中流动时的平均流量，m^3/s；A_{ft}为抽油杆扶正器与油管环空横截面积，m^2。

ξ_{f1}为流体流经抽油杆扶正器时，管道截面突然缩小时的阻力系数，如式(9-39)所示：

$$A_{ft}/A_{rt}=(d_t^2-d_f^2)/(d_t^2-d_r^2) \tag{9-39}$$

根据式(9-39)计算结果，通过表9-1可查得其值。

ξ_{f2}为流体流经抽油杆扶正器时，管道截面突然扩大时的阻力系数，如式(9-40)所示：

$$\xi_{f2}=\left(\frac{A_{ft}}{A_{rt}}-1\right)^2 \tag{9-40}$$

由于油田现场使用的抽油杆扶正器带有导流槽，便于流体通过，可减小阻力，同时防止扶正器遇卡。扶正器横截面如图9-7所示，横截面积计算如式(9-41)所示。

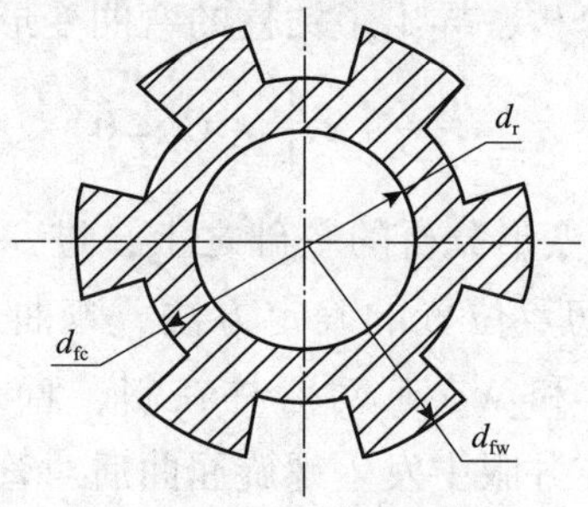

图9-7 扶正器横截面

$$A_{ft}=\frac{\pi}{4}\left[(d_t^2-d_{fw}^2)+\frac{d_{fw}^2-d_{fc}^2}{2}\right] \tag{9-41}$$

式中　$d_{fw}=d_f$——抽油杆扶正器外径，m；

d_{fc}——抽油杆扶正器齿根直径，m。

下冲程中，抽油杆接箍及扶正器对流体流动造成的能量损失计算如式(9－42)所示：

$$P_{ss}=n_{js}\cdot h_{mj}+n_{fs}\cdot h_{mf} \tag{9-42}$$

式中　P_{ss}——下冲程中流体流动产生的能量损失，Pa；

n_{js}——井下抽油杆柱接箍的数量；

n_{fs}——井下抽油杆扶正器的数量。

抽油杆接箍和扶正器处造成的能量损失对接箍和扶正器产生冲击作用，承压面积分别为接箍截面积和扶正器截面积与抽油杆本体横截面积之差，其计算公式分别如式(9－43)、式(9－44)所示：

$$A_{jr}=\frac{\pi}{4}(d_j^2-d_r^2) \tag{9-43}$$

$$A_{fr}=\frac{\pi}{4}\left[(d_{fw}^2-d_r^2)-\frac{d_{fw}^2-d_{fc}^2}{2}\right] \tag{9-44}$$

式中　A_{jr}——抽油杆接箍截面积与抽油杆本体横截面积之差，m^2；

A_{fr}——抽油杆扶正器截面积与抽油杆本体横截面积之差，m^2。

流体对整个抽油杆柱的作用力计算如式(9－45)所示：

$$F_{ss}=\frac{n_{js}\cdot A_{jr}+n_{fs}\cdot A_{fr}}{n_{js}+n_{fs}}\cdot P_{ss} \tag{9-45}$$

若未加抽油杆扶正器，则 $n_{fs}=0$。

9.5　杆管偏磨机理定量分析

杆管偏磨机理定量分析是建立在生产管柱的受力分析之上的，主要确定中和点及偏磨井段同井身结构、泵径、泵挂深度、沉没度、生产参数、原油物性及杆管组合等因素的关系。

1950 年，Lubinski、Althouse 和 Logan 等研究了在垂直井眼中钻柱的平面屈曲行为，通过钻柱的受力和弯曲变形计算分析，导出了钻柱的弯曲变形方程，如式(9－46)所示：

$$\frac{d^3y}{dx^3}+x\frac{dy}{dx}+C_1=0 \tag{9-46}$$

Lubinski 在钻柱受力及弯曲变形分析的基础之上，进一步研究了钻柱在井眼中具体的屈曲形状及钻柱与井筒之间的切点位置的确定方法、弯曲后钻柱弯矩的变化及弯曲应力等。在理论研究之后，Lubinski 和 Woods 对管柱在斜、直井中的屈曲行为进行了模拟实验，认识到井筒井斜角及管柱在井眼中发生螺旋屈曲后对管柱的临界屈曲载荷具有较大的影响。将理论数据与实验数据进行拟合，最终得出了管柱在斜、直井中产生螺旋屈曲临界载荷的计算公式，如式(9 -47)所示：

$$F_{cr} = 2.85EI^{0.504}q^{0.406}\left(\frac{\sin\varphi}{r}\right)^{0.511} \tag{9-47}$$

1964 年，Paslay、Bogy 等又研究了两端铰支模型的杆柱在斜、直井内的屈曲问题，采用能量法进行了理论分析研究，推导出钻柱在斜、直井中产生正弦屈曲的临界载荷计算公式，如式(9 -48)所示：

$$F_{cr} = \frac{(1-\nu)^2 EI}{(1+\nu)(1-2\nu)}\frac{\pi}{l}\left(n^2 + \frac{1}{n^2}\frac{q\sin\varphi L^4}{EIr\ \ \pi}\right) \tag{9-48}$$

式中 ν——泊松比，一般取 $\nu = 1/3$。

根据式(9 -48)，由于钻柱轴向压力随着油井深度增加而增大，杆柱压力失稳后的振幅也随着杆的深度增加而增加，而振荡周期则随着杆的深度增加而减小。Lubinski 等计算出了在垂直井下杆柱产生一次、二次螺旋屈曲的临界载荷。在实际工作中，由于杆柱下部所受力远大于二次屈曲临界载荷，即杆柱已发生了多次螺旋屈曲变形，对此已无法确定杆柱发生多次螺旋屈曲的临界载荷和具体的偏磨井段。

20 世纪 80 年代，研究证明，井下杆柱在受压发生屈曲变形后，随着轴向载荷的增加，杆柱屈曲变形由正旋曲线形状变为螺旋线形状。Mitchell 等研究得出了杆柱在井眼中的稳定性及发生多次螺旋屈曲的临界载荷，以及在大变形情况下受压杆柱屈曲后的挠度曲线的微分方程。但无法确定屈曲变形后偏磨的具体井段，以及屈曲变形后的形状和变形规律。

20 世纪 90 年代，Xiaojun He 等研究得出，井下管柱屈曲前井壁对管柱作用的法向支力是决定管柱临界载荷的一个主要因素，并推导出在弯曲井眼中管柱的临界载荷的计算公式，如式(9 -49)所示：

$$F_{cr} = \beta\frac{EI}{r}\left[\left(q\sin\phi + F\frac{d\psi}{ds}\right)^2 + F\sin\phi\frac{da}{ds}\right] \tag{9-49}$$

式中，当 $\beta = 4$ 时，屈曲形状为正弦屈曲；当 $\beta = 8$ 时，屈曲形状为螺旋屈曲。

1990 年，Chenetal 推导出了水平井眼中管柱螺旋屈曲变形的轴向载荷计算公式，如式(9 -50)所示：

$$F^{\#} = 2\left(\frac{EIw_e}{r}\right)^{0.5} \tag{9-50}$$

Juvkam - Wold H C 和 Jiang Wu 在此基础上通过实验研究，推导出了水平井眼中管柱螺旋屈曲载荷计算公式，如式(9 -51)所示：

$$F_{hal} = 2F_{hal} - F_{cr} = (2\sqrt{2} - 1)\left(\frac{EIw_e}{r}\right)^{0.5} \tag{9-51}$$

通过计算得出水平井内生产杆管发生螺旋屈曲的轴向载荷是发生正弦弯曲时轴向载荷的 1.8 倍。

Weiyong Qiu 利用能量法对连续弯曲井眼中管柱(挠性管)的屈曲行为进行了研究，分别推导出了管柱发生屈曲行为的计算公式。

(1)管柱开始发生屈曲时的载荷计算，如式(9－52)所示：

$$F_S=\frac{2EI}{rR}\left(1+\sqrt{1+\frac{rR^2 w\sin a}{EI}}\right) \tag{9－52}$$

(2)管柱产生稳定的正弦屈曲行为时的载荷计算，如式(9－53)所示：

$$F^*=\frac{2\times 3.52\times EI}{rR}\left(1+\sqrt{1+\frac{rR\sin a}{3.52EI}}\right) \tag{9－53}$$

(3)管柱产生临界螺旋屈曲行为时的载荷计算，如式(9－54)所示：

$$F_n=\frac{8EI}{rR}\left(1+\sqrt{1+\frac{rR^2 w\sin a}{2EI}}\right) \tag{9－54}$$

Xu Jun 等推导出了关于三维连续弯曲井眼中力学行为的一系列偏微分方程，同时建立了综合考虑受拉杆柱偏磨、液体黏性阻力、井眼轨迹的综合性生产油管及抽油杆柱动力学模型，后来又提出了针对斜井井眼轨迹的管柱三维准静态设计方法，考虑了三维弯曲井眼导致的杆柱屈曲及较低冲次生产方式下的抽吸系统的准静态力学特性，有效解决了杆柱载荷计算、位移及应力分析等问题。

关于油井偏磨机理、不同井眼轨迹下的生产管柱受力分析及管柱屈曲行为等方面的研究，国内研究工作起步较晚。20 世纪 80 年代初，张宁生、曾宪平等结合 Hammerlindl、Lubinski 等的文献对封隔器管柱的受力、应力等变形分析方法进行了系统的介绍；1988 年，龚伟安利用弹性力学方法对液压作用下管柱的屈曲问题进行了分析，在此期间，高德利、高国华、崔孝秉也曾对井下管柱的力学屈曲问题进行过深入研究。

高国华教授对管柱在井眼中的屈曲行为建立了正弦和螺旋屈曲两种屈曲行为的数学、力学模型，并通过对微元体的受力分析、静力平衡方程、变形几何方程和物理方程推导出了管柱在弯曲井眼中的三维屈曲方程，如式(9－55)所示：

$$\frac{d^4\theta}{ds^4}+\frac{d}{ds}\left\{\left[\frac{F}{EI}-6\left(\frac{d\theta}{ds}\right)^2\right]\frac{d\theta}{ds}\right\}+\frac{fn}{EIr}\sin\theta=0 \tag{9－55}$$

1999 年，刘凤梧和徐秉业曾研究了受压扭作用的杆柱在水平井中的屈曲问题，陈洁和李尧臣研究了在一般情况下受压杆柱在水平井、斜井和直井三类井眼中的屈曲问题，同时利用有限单元法求得了初始屈曲的临界压力及杆柱的轴线形状，并利用最小势能原理研究了圆截面杆柱在曲线井中的屈曲问题，得到了受压杆柱在圆弧形井中屈曲的非线性微分方程及相应的本质边界条件和自然边界条件，并利用有限单元法，得出初始屈曲临界压力和杆柱的轴线形状。

从蕊、董世民就直井中抽油杆柱产生多次螺旋屈曲变形的临界力、屈曲变形后偏磨井段、杆柱形状、屈曲变形规律及失稳临界条件等进行了研究，但未考虑生产管柱的屈曲问题及管柱内外流体压力和流动的影响，因此理论模型也不完善。

综上分析，目前针对油井偏磨问题研究主要集中于直井和斜井，水平井研究较少。油井杆管偏磨机理的研究只是简单地、定性地描述了产生偏磨的原因，却不能具体到某一口偏磨井定量地描述各种偏磨原因对油井的影响程度及主次关系，同时不能准确表达各因素对偏磨的影响规律和各因素间的相关关系。杆管偏磨主要是由于抽油杆、油管发生屈曲变形造成的，而目前对抽油杆屈曲性能理论的研究大多是把抽油杆柱假设为一等截面积杆，忽视了接箍的影响，以及井液流动对抽油杆柱受力的影响，同时未能将油井三维井眼轨迹同抽油杆柱受力分析有效结合，并根据现场实际偏磨情况分析偏磨井的一般规律及影响因素，并提出针对性的治理措施，导致得到的理论模型尚不完善，防治措施不具针对性和有效性，有必要进一步开展水平井偏磨机理与防治措施研究，并同实际井眼轨迹及现场油井偏磨规律相结合。

9.6 防偏磨技术

9.6.1 抽油杆扶正技术

抽油杆扶正技术的主要设计思路是将抽油杆扶正，使其在油管内居中，同时扶正套材料有较小的摩擦系数、较高的硬度和良好的耐磨性，能有效减小摩擦阻力，同时避免杆管直接接触摩擦。其主要技术产品有尼龙扶正器、金属滚轮型扶正器、KZX 型防偏磨扶正器及注塑抽油杆等。

1. 尼龙扶正器

将数个扶正器套在抽油杆柱上，随抽油杆柱一起下入井内，由于扶正器的外径大于抽油杆本体和接箍外径，能有效起到隔离抽油杆和油管的作用。生产过程中，当抽油杆柱发生屈曲变形时，扶正套同油管优先接触，有效避免了抽油杆接箍或本体与油管间的铁－铁摩擦，转化为尼龙套与油管摩擦的尼龙－铁摩擦。主要缺点是造价较高，可以在抽油杆本体上自由滑动，对于偏磨严重井段，扶正套滑动无法起到定点扶正作用，同时综合考虑成本及阻力，安装数量不宜多，目前油田现场应用较少。

2. 抽油杆扶正器短节

在最初可滑动式尼龙扶正器的基础上，为了固定扶正套，进行了技术改进。其由接箍短节和扶正套组成，连接在抽油杆接箍之间，扶正套采用纳米材料与碳纤维混合而成，并可以自由转动(图9－8)。其主要优点是摩擦系数小，磨损后不掉渣且具有防腐功能，扶正套带有螺旋槽，便于流体通过，使扶正套均匀磨损，安装方便，能有效缓解抽油杆接箍偏磨问题。主要缺点是扶正间距大，当井斜较大、抽油杆本体偏磨时，起不到保护作用。

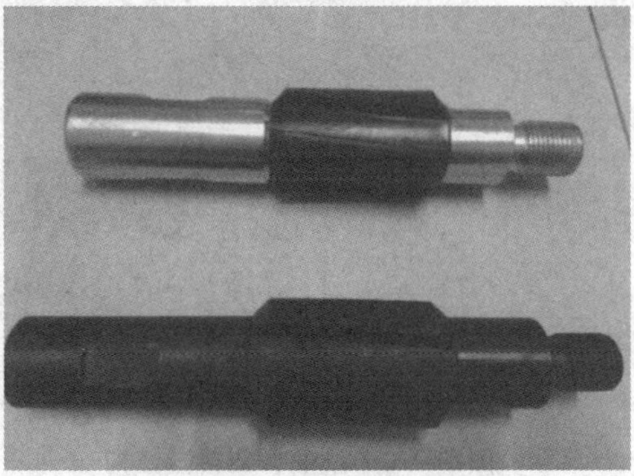

图9－8 抽油杆扶正器短节

3. 注塑抽油杆

为解决偏磨严重井中抽油杆扶正器无法有效保护抽油杆本体的问题，采用抽油杆本体注塑扶正块的技术进行保护。注塑抽油杆扶正块采用聚四氯乙烯、碳纤维、增强尼龙等制成，每根抽油杆注塑1~3个扶正块，可根据油管尺寸、油井结蜡、结垢、井斜等实际情况合理调整扶正块注塑间距、数量和外径(图9-9)。其优点是扶正块摩擦系数小，耐磨，无掉渣、掉块，扶正块间距较小，能有效防止抽油杆本体与油管发生偏磨，制作工艺简单(每小时可以注塑120~150个注塑块)，价格低廉，使用方便，效果较好，成为各油田防偏磨配套工艺的首选技术。主要缺点是当注塑2~3个扶正块时，抽油杆柱附加磨阻较大，同时对于狗腿度及井斜特别大的油井，不能有效防止抽油杆接箍偏磨。

图9-9 注塑抽油杆

9.6.2 抽油杆、油管转动技术

抽油杆、油管转动技术分别是由抽油杆旋转器(图9-10)和旋转采油井口装置(图9-11)完成的，其主要技术原理如下：

1. 抽油杆转动技术

抽油机运转时，光杆做上、下往复运动，当上行时，光杆加载压缩碟簧，转轴向下产生位移，当下行时，光杆减载碟簧释放能量，转轴向上产生位移。在径向位移导向槽和特殊旋转机构的作用下，转轴的轴向位移转换成径向旋转，依靠光杆连续上、下往复运动，使井下抽油杆柱间歇地顺时针旋转。由于采用了单向旋转机构，抽油杆只能顺时针旋转而不会反转。

图9-10 抽油杆旋转器结构

图9-11 旋转采油井口装置结构

主要作用：①防偏磨。抽油杆旋转器自动带动杆柱旋转，不断改变抽油杆接箍与油管的接触面，可避免抽油杆接箍一面偏磨。同时，接箍与油管接触面不断转动，可将井液带入磨损面，在一定程度上可以润滑减缓磨损。②防脱扣。抽油杆旋转器带动抽油杆柱顺时针旋转，产生上扣力矩，可以中和杆柱承受交变载荷弯曲变形产生的倒扣应力，防止脱扣。③减振。在抽油机上、下始点换向过程中，强力弹簧可以减缓因载荷突变对抽油机本体结构的冲击振动，减小抽油机的机械磨损和抽油杆柱的疲劳强度。

2. 油管转动技术

旋转采油井口装置是油管以套管中心线为轴进行旋转运动的。通过油管旋转，减少油管与抽油杆的局部磨损，从而提高油管的使用寿命。

本装置由操作手柄、棘轮、棘爪等驱动机构，蜗轮、蜗杆、旋转管等传动机构和法兰壳体、悬挂器、推力轴承等悬挂机构组成。当手动上提、下压操作手柄，棘轮即带动蜗杆转动、蜗杆带动蜗轮转动、蜗轮带动旋转管转动、旋转管带动井下油管按顺时针方向转动，从而避免了油管内壁的摩擦和磨损在某一固定位置，使磨损部位分散到油管全部内表面上，防止了油管偏磨，延长了油管的使用寿命和修井周期。

目前现场使用较多的旋转井口有手动旋转井口和靠抽油杆上、下运动作动力源的自动旋转井口。手动旋转井口需要较大驱动力，操作比较困难，自动旋转井口连杆复位容易失灵，导致旋转井口不能旋转。如图 9－12 所示为 FPM－25 手动式油管旋转器结构。

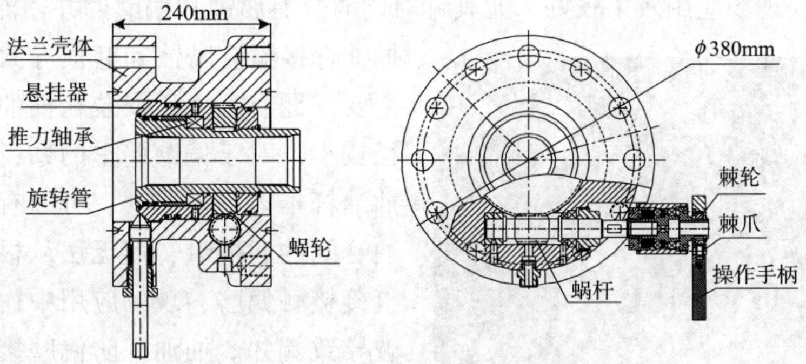

图 9－12　FPM－25 手动式油管旋转器结构

9.6.3　拉伸抽油杆、油管技术

1. 油管锚定技术

为了减轻井下管柱受生产影响而发生伸缩变形导致的杆管偏磨，采用油管锚定技术，该技术主要有泵上锚定和泵下锚定两种。油管锚连接在油管下部，随生产管柱一起下入井内并锚定，可保证油管在生产过程中受交变载荷作用时，消除或降低油管的蠕动变形，从而减轻杆管偏磨。通过现场应用情况分析，由于部分油井生产时间较长，油管锚解封困难，甚至造成井下事故，因而未能推广使用。

2. 抽油杆下部加重技术

在抽油杆下部和抽油泵柱塞之间，使用一定数量的加重抽油杆，使抽油杆中和点下移，从而减轻下部抽油杆屈曲程度，进而有效缓解杆管偏磨。该技术不能消除抽油杆中和点，中和点下部杆柱依然存在失稳屈曲偏磨的可能。对于井斜及狗腿度较大的井，不建议使用加重抽油杆，一方面由于加重抽油杆杆径较大，容易与油管发生接触偏磨，另一方面加重抽油杆会增加杆柱重量，增加了杆管接触点的正压力，从而加剧偏磨。

9.6.4 提高抽油杆及油管内壁的耐磨性技术

目前使用最多的是抽油杆防偏磨接箍和油管内涂层新材料技术，应用效果较好，其共同点是通过处理油管内表面及抽油杆接箍外表面来增大其耐磨性和防腐性，改善抽油杆柱－油管柱摩擦副的摩擦状态，延长抽油杆、油管使用寿命，由于其特殊材料及工艺的复杂性，成本较高，因而主要在偏磨特别严重井使用该项技术。

1. 抽油杆防偏磨接箍

抽油杆防偏磨接箍外径尺寸同抽油杆接箍相同，不会产生附加摩擦阻力，其结构是将合金粉涂覆在接箍表面，厚度大于0.25mm，得到耐磨防腐低摩擦系数的涂层，同时两端具有明显倒角，适用于井斜较大且较深的井，耐磨性是普通接箍的10倍以上，减少油管磨损量约3倍。现场应用效果较好，尤其针对同时具有腐蚀和偏磨的井，能够有效防止因抽油杆接箍被腐蚀和磨损导致的断脱。应用主要问题有：由于安装在抽油杆接箍处且外径较小，对于偏磨严重的井，无法有效保护抽油杆本体不被偏磨；可以有效减小接箍同油管间的磨损量，但无法从根本上解决杆管直接接触偏磨，现场应用中往往因油管被磨破导致躺井。抽油杆防偏磨接箍制造成本较高，目前主要用于偏磨轻微及腐蚀严重的井(图9－13)。

图9－13 抽油杆防偏磨接箍

2. 内衬油管

内衬油管外管是Φ73mm普通油管，主要用来承压、承载；内衬管由高密度聚乙烯材料制成，具有抗偏磨和抗腐蚀(硫化氢、二氧化碳、酸、盐)作用，使用后的内衬管可以拉出来回收利用。内衬油管通过特殊工艺保证衬管与油管紧密结合，接箍两端翻边，形成端部密封，防止产出液进入缝隙，导致衬套滑动或收缩。目前，油田应用较多的是EXPE及HDPE型内衬油管，其主要区别是耐温能力不同，分别是80℃和130℃。使用效果明显，尤其是对偏磨特别严重的井，能有效缓解偏磨问题，由于成本较高，所以一般应用于偏磨严重的频繁作业井中(图9－14)。

图9－14　内衬油管

目前，国内对水平井中抽油杆柱受力分析、水平井三维井眼轨迹模拟、力学模型建立、水平井偏磨特征研究及杆管防偏磨措施等问题的研究探索尚未成熟，还没有形成一套完整的科学理论体系和经济、有效的治理措施。

主要研究内容如下：

(1)水平井可视化三维井眼轨迹建立及其特征研究：利用水平井测斜数据，通过软件模拟，建立可视化三维井眼轨迹立体图，分析其变化特征，定性判断井眼屈曲井段及生产杆柱可能存在的偏磨位置。

(2)抽油杆柱在水平井三维井眼中受力分析：采用微元法在三维井眼轨迹中建立受力模型并进行受力分析，计算上冲程中沿井身油管对抽油杆柱支力及下冲程中抽油杆柱中和点位置，定量确定偏磨井段。

(3)水平井偏磨规律研究及其影响因素分析：根据红河油田现场水平井偏磨情况，统计、分析其偏磨规律，并就其影响因素进行定性分析。

(4)水平井偏磨等级划分：根据油井三维井眼轨迹、油井腐蚀情况和井斜大小，对水平井偏磨程度进行等级划分。

(5)杆管组合及各类防偏磨工具综合配套优化设计：是否采用加重杆设计，抽油泵下部尾管长度，各类防偏磨工具优缺点、适用井况及优化应用，计算杆管在井眼内允许刚性通过的最大井斜，并结合油井生产情况优化泵挂深度。

(6)水平井偏磨治理现场应用：结合油井生产情况，建立可视化三维井眼轨迹，优化泵挂深度及杆管组合，计算沿井身支力及下冲程中杆柱中和点，对水平井进行偏磨等级划分，进行防偏磨优化配套设计，形成一套适用于水平井的经济、有效的防偏磨配套治理体系。

①建立水平井三维立体可视化井眼轨迹，并同抽油杆柱受力相结合，完善杆管偏磨机理认识。

②偏磨机理认识同水平井实际偏磨情况相结合，分析其偏磨特点和规律。

③水平井偏磨特点和规律同各类防偏磨工具特点相结合，实现经济、有效的防偏磨配套治理。

第 10 章　抽油杆疲劳失效分析

本章主要对抽油杆的疲劳破坏过程及机理进行研究，对油田现场的抽油杆疲劳断裂样品进行疲劳断口处形貌特征、材料成分及硬度分析，总结抽油杆疲劳断裂的影响因素及分类。根据抽油杆疲劳实验及现场断裂位置统计，利用 Solid Works 对抽油杆及杆头螺纹连接处接箍进行几何建模，并采用 ABAQUS 软件进行仿真分析，同时对比了不同螺纹沟底形状对螺纹连接段疲劳寿命的影响。

10.1　疲劳基本理论

在采油过程中，抽油杆在上、下冲程时承受的是具有周期性变化规律的循环交变载荷，通过调研发现，在油田现场中抽油杆出现断脱事故中，很大一部分的断裂都是疲劳断裂或者腐蚀疲劳断裂，所以说抽油杆的疲劳特性是控制抽油杆使用寿命的主要因素。

10.1.1　疲劳及疲劳寿命

人们认为材料或构件在某一点或者某些点承受交变载荷，且在足够多的循环交变载荷作用次数之后会生成疲劳裂纹甚至直接发生断裂，因此导致材料或构件发生失效的过程称为疲劳。通常来说，材料的疲劳破坏都是从材料或构件中的应力或者应变比较高的位置开始，一步步形成不可逆的损伤，并慢慢积累直至发生破坏断裂。所以，局部性就是疲劳破坏最显著的特点，材料或构件的疲劳破坏通常从其应力集中的部位开始。另外，材料必须在承受足够多次数的交变载荷后疲劳破坏才会发生，因为只有承受足够多次的循环交变载荷，材料中的疲劳裂纹才会从高应力或者高应变的部位慢慢形成，然后微裂纹会在交变载荷的持续作用下进一步生长扩展，直至裂纹的临界尺寸失稳而发生破坏。

要进行完整的疲劳分析，不仅仅要关注裂纹的萌生机理，同时也要研究裂纹如何扩展。然而在某些特定的情况下，如一些高强度脆性材料或构件只需要考虑其裂纹萌生寿命，因为其断裂韧性低，一旦出现裂纹就会引起破坏。与此相反，如对一些焊接件和铸造件进行疲劳寿命分析时，只需要考虑它的裂纹扩展寿命，因为这些构件在其制造过程中就已经跨过了裂纹萌生阶段而出现了裂纹，所以裂纹萌生寿命可以直接忽略。

材料或构件的疲劳寿命通常由三部分组成，这是由材料发生疲劳破坏时所需要经历三个阶段决定的。这三部分分别是裂纹萌生寿命 N_1、裂纹稳定扩展寿命 N_2、裂纹失稳扩展寿命 N_3。其中，由于从裂纹失稳扩展到破坏时经历的时间极短，所以裂纹失稳扩展寿命这一部分在材料或构件的总疲劳寿命中占的比例非常小，完全可以忽略。因此，材料或构件的总疲劳寿命 N_t 可由两部分表示：

$$N_t = N_1 + N_2 \tag{10-1}$$

用材料产生疲劳裂纹时所承受的循环交变载荷的总次数来定义其疲劳裂纹萌生寿命，材料的疲劳通常可以分成高周疲劳（*HCF*）与低周疲劳（*LCF*）。循环次数大于 10^4 次时的疲劳称为高周疲劳，高周疲劳阶段材料或构件所承受的最大交变应力通常都小于材料的屈服强度，在这一阶段，材料发生的是弹性变形，并未产生塑性变形，应力和应变满足胡克定律，高周疲劳又称应力疲劳。而循环次数小于 10^4 次时的疲劳称为低周疲劳，低周疲劳阶段材料或构件所承受的最大交变应力小于材料的屈服强度，这一阶段材料发生的是塑性形变，应变变化较大，所以低周疲劳又被称作应变疲劳。

10.1.2 抽油杆疲劳破坏过程及机理

自20世纪七八十年代以来，为了了解抽油杆疲劳性能及特征，国内外研究人员开展了以断裂力学、损伤力学以及疲劳 $S-N$ 曲线为基础的实验及理论研究。以断裂力学为基础，对特制缺口抽油杆试样进行疲劳实验，根据实验得到应力强度因子、疲劳裂纹扩展门槛值，并以此来计算疲劳裂纹扩展速率，得到疲劳裂纹扩展寿命或抽油杆剩余使用寿命。而为了将断裂力学应用于研究材料疲劳特征及疲劳裂纹扩展寿命，多位学着作出了突出贡献。G. R. Irwin 于20世纪50年代提出了在断裂力学中判断在载荷作用下含裂纹材料是否发生破坏的重要参数——应力强度因子。Paris 和其合作者在1961年提出了著名的 Paris 公式。他们的观点是疲劳裂纹在进行扩展时的速率和应力强度因子之间有某一种函数关系。G. R. Forman 等基于 Paris 公式通过增加不同的修正系数提出新的模型，使得改进后的 Paris 公式使用范围扩大。冷建成等进行抽油杆疲劳实验，利用磁记忆检测仪监测了疲劳实验中试件疲劳裂纹扩展时的整个过程，同时利用有限元分析法得到了进行断裂力学研究时所需的参量和不同的裂纹长度所对应的应力强度因子，以此建立了抽油杆断裂力学模型。李鹤等以 Paris 公式为基础，采用数值分析方法计算了抽油杆的疲劳裂纹扩展寿命，并应用 Monte Carlo 法进行了不同类型表面裂纹扩展寿命可靠度的计算。王国丽等进行了 D 级抽油杆的疲劳实验，根据实验结果得到了其不同部位裂纹扩展时的速率及裂纹扩展门槛值，并对不同应力比下的 D 级抽油杆材料的疲劳裂纹扩展速率及门槛值进行了分析。姚红星等进行了 D 级抽油杆疲劳实验，根据实验得出在疲劳裂纹的后期疲劳裂纹的深度 a 和宽度 c 的比值趋向于某一个固定值，并根据得出的关系估算了抽油杆的剩余使用寿命。骆竞烯等对抽油杆的不同部位的裂纹最大允许尺寸利用 K 值计算公式进行了估算，同时提出了一种提高抽油杆使用寿命的方法。

应用断裂力学原理研究疲劳特征时，通常都会忽略宏观裂纹形成前的阶段即疲劳损伤阶段，且对宏观裂纹周围处的损伤不做讨论，只考虑宏观缺陷。材料的疲劳破坏一般都是由于疲劳损伤的缓慢积累，然后慢慢形成宏观上可见的缺陷。而在宏观缺陷形成之后，材料在细观上的损伤并未停止，仍不断积累使得材料宏观上的缺陷不断扩展直至发生破坏。

使用损伤力学研究材料的疲劳问题时与断裂力学完全不同，主要研究的则是材料中细观缺陷的发展及演化，将断裂力学与损伤力学结合起来研究材料的疲劳破坏过程才会更加全面。抽油杆的疲劳和其他构件大致相同，同样存在初始损伤，从细观上的疲劳损伤缓慢累积开始直到最终发生疲劳破坏，在整个过程中抽油杆材料逐渐劣化直至最终失效。国内外学者为将损伤力学应用于材料疲劳寿命研究作出了贡献。20 世纪 50 年代末，Kachanov 提出了有效应力和连续性因子的概念，并推导了相关的演化方程。随后，Rabotnov、Leckie、李灏、余寿文、黄克智、李兆霞、尹双增等国内外学者都对损伤力学理论发展及实践研究作出了很大的贡献。这些学者的研究成果使得损伤力学进一步发展，推广到了对一些弹塑性、脆性及疲劳等损伤现象的分析研究上。近年来，基于损伤力学多位学者进行了抽油杆疲劳特性的研究。周瑞芬利用有限元软件对抽油杆不同部位进行了数值分析后得到了抽油杆的疲劳损伤模型，同时进行了不同工作条件下抽油杆疲劳损伤规律的研究。秦庆忠根据疲劳损伤力学原理建立了抽油杆疲劳损伤模型，同时得到了不同初始应力和不同初始损伤下的抽油杆损伤部位与使用寿命的关系。丁雯等采用实验及有限元分析软件相结合的方法，分别对不同损伤形式的抽油杆疲劳寿命进行了计算，并研究了不同损伤因素对抽油杆疲劳寿命的影响程度。建立了在不同损伤情况下抽油杆的多元回归模型，为判断抽油杆的安全使用提供了可靠依据。

研究发现，金属材料的疲劳过程从疲劳裂纹萌生阶段开始，经过裂纹扩展阶段，直到剩余部分失稳断裂即瞬时断裂阶段，疲劳破坏的不同阶段有着不同的破坏机理。一般来说，疲劳裂纹的萌生起源于材料的应力集中部位，如生产中存在的缺陷、夹杂，或者台阶、切口等。裂纹萌生阶段是指在交变载荷作用下材料晶格中位错聚集形成内部空洞或表面侵入和挤压而形成滑移带即微裂纹的核。在抽油杆的分类中，超高强度抽油杆比普通抽油杆强度更高，其材料中位错的迁移受到阻碍，因此超高强度抽油杆抗裂纹萌生的能力更强。根据断裂力学的原理，疲劳裂纹扩展阶段主要分成了两个小的阶段：第一阶段就是微观上的裂纹扩展；第二阶段就是在微观裂纹扩展到宏观可见的宏观裂纹扩展阶段。第一阶段是在裂纹形成核后，顺着滑移带的主滑移面延伸，与正应力成 45°的剪应力作用在这个滑移面之上，在这一阶段，裂纹的扩展与切应力的大小有直接关系，而且裂纹扩展的深度较浅，而裂纹沿滑移带扩展的过程如图 10－1 所示，这一阶段被称为疲劳裂纹扩展的第一阶段。在该阶段，材料的类型、工作时所承受的应力水平及环境介质等都决定了材料的显微特征。而第二阶段则是材料的宏观裂纹扩展阶段，这一阶段是在疲劳裂纹扩展一段距离后，改变扩展方向，这时疲劳裂纹扩展的方向就变为与拉应力相垂直的方向。这一阶段称为材料疲劳裂纹稳定扩展的第二阶段。这个阶段与第一阶段相比，扩展速率更快，且扩展面积占整个疲劳裂纹扩展面积的绝大部分。

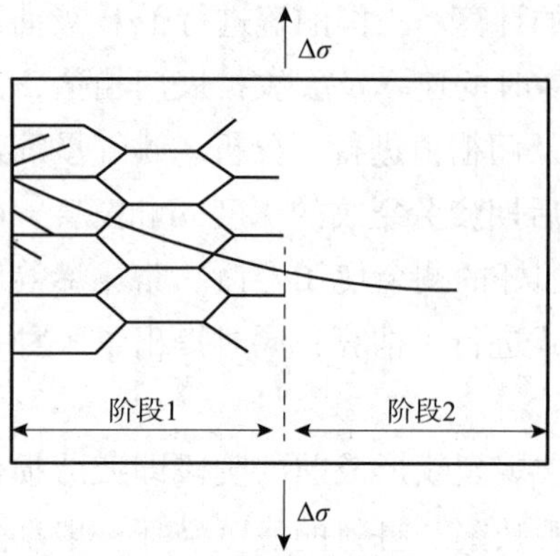

图 10－1　疲劳裂纹沿滑移带扩展的过程

抽油杆的疲劳寿命主要分为初始裂纹萌生的寿命和裂纹扩展直到断裂前的寿命两部分，而抽油杆疲劳寿命中的绝大部分为初始裂纹萌生阶段的寿命。通常来说，抽油杆在生产及运输过程中不可避免地会产生一些缺陷，则疲劳裂纹扩展寿命就成为抽油杆疲劳寿命的主要部分，根据油田现场数据，抽油杆疲劳断裂的位置大多在螺纹、扳手方等尺寸变化较大的部位。由于井下工作环境的差异，抽油杆疲劳寿命的长短具有较大的差异。疲劳破坏形貌如图10－2所示。

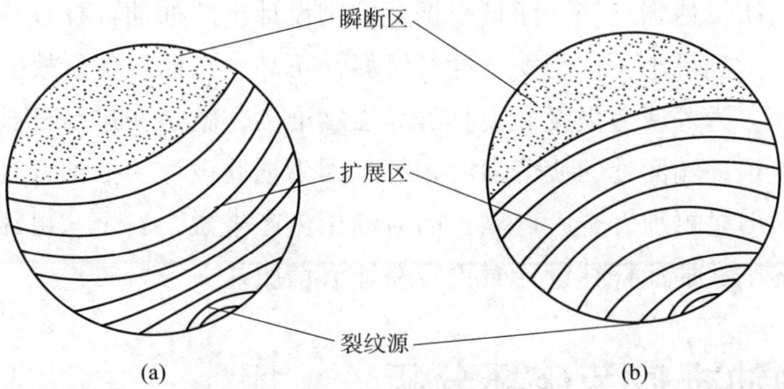

图10－2　疲劳破坏形貌

研究中可根据不同的工作条件将疲劳破坏进行分类：仅受到交变载荷所产生的疲劳破坏称为机械疲劳；在高温和交变载荷共同作用下的疲劳破坏称为蠕变疲劳；在交变载荷和腐蚀环境共同作用下的疲劳破坏称为腐蚀疲劳；在交变载荷和交变温度共同作用下的疲劳破坏称为热机械疲劳。还有滚动接触疲劳和滑动接触疲劳、微动疲劳等。

抽油杆是一种特殊的人造结构杆柱，与其几千米的长度相比，几十毫米的直径是可以完全忽略不计的，这使抽油杆柱成为一个细长的杆件，由于抽油杆柱的重量沿着其长度分布，在抽油杆柱的任意部分都必须至少承载其下方连接的所有杆柱的重量。因此，抽油杆柱的理想形状应该是从上到下不断变细一个近似倒圆锥体。但这样的杆柱不可能制造出来，人们据此设计了抽油杆直径逐渐减小的杆柱组合来接近理想的形状。对于深度较浅的井，可以使用仅由一种直径的抽油杆组成的杆柱，但较深的井不可避免地需要使用杆柱组合。

随着油田生产发展，对抽油杆柱提出了不同要求，抽油杆柱的设计方法也在不断更新和优化。在最早进行抽油杆柱设计时，采用了简化假设，即认为抽油杆柱只承受静态载荷。将抽油杆柱的最大应力保持在其材料抗拉强度或屈服强度之下，设计了几种不同的方法进行杆柱组合设计，这种方法基于静载荷条件的“平衡”，将每一级抽油杆柱顶部端面的最大应力设置为相等。在较浅的油井中，这种方法得到了很好的应用，但随着深井中抽油杆所承受的应力越来越大，该方法设计的杆柱就不够安全了，一般会在抽油杆柱底部细杆处出现过载断裂的现象。人们发现这种断裂发生在工作应力低于抽油杆柱抗拉强度或屈服强度的状态下，这种断裂是典型的疲劳破坏，因此使得设计人员意识到，正确的抽油杆柱设计必须考虑到抽油杆所受到的循环交变载荷的特性。由此，逐渐形成了两种抽油杆柱设计原则：等强度准则和最轻杆柱准则。

最轻杆柱准则就是当抽油杆柱组合级别确定以后，从杆柱最下面一级开始计算，当某一处抽油杆柱截面处的相当应力等于计算得到的抽油杆许用应力时，从此处换用更大直径的抽油杆，以此类推，当计算到最上面一级抽油杆的顶部截面时，只需要保证其相当应力小于给定的许用应力。换言之，除过最上级抽油杆顶部截面相当应力小于给定的许用应力，其余各级抽油杆的顶部截面相当应力全部等于规定的许用应力，则根据此原则设计出的抽油杆柱除最上级，其余各级别抽油杆的长度都达到了保证安全情况下的极限长度，因此井下抽油杆柱的质量达到最轻，而且根据此准则设计出的抽油杆柱往往使得采油过程中抽油机的悬点载荷达到最小，但是安全性及可靠性不高，从而发生事故的概率非常大。

等强度准则又分为等疲劳强度准则与静等强度准则，就是在进行杆柱设计时，需要保证每一级抽油杆柱顶部端面处的疲劳强度相等，因为据此设计的抽油杆柱尽管会使抽油机的悬点载荷增加，但是更加安全、可靠，而对油田生产来说，安全、可靠更受设计人员信赖，所以等强度准则在抽油杆柱设计时更容易让人信服。

10.2 抽油杆疲劳破坏分析

10.2.1 抽油杆疲劳破坏因素分析

抽油杆在工作油井中工作时，不仅需要承受不对称的交变载荷，同时油井当中高温、高压、腐蚀介质等恶劣工况都会使得抽油杆发生疲劳断裂。对疲劳断口的分析有助于研究引起疲劳裂纹启裂和扩展的原因。通过文献调研及油田现场资料显示，在抽油杆服役期间疲劳破坏的主要影响因素包括高应力幅、砂卡、结蜡、制造缺陷、设计不合理、偏磨和井液腐蚀等。

1. 抽油杆受力情况

抽油杆带动柱塞做上、下往复运动，承受不对称交变循环载荷。上部光杆承受的载荷包括抽油杆柱载荷，液柱载荷，抽油杆柱、油管柱和液柱的惯性载荷，抽油杆柱在运动中受到的摩擦阻力，抽油杆柱和油管柱的弹性引起的振动载荷，由液击引起的冲击载荷，由井斜变化、螺纹不同心、悬绳器摆动等造成的扭力等。而抽油杆柱承受的载荷随深度有所变化，如抽油杆柱载荷越往下越小，加上下部抽油杆柱所承受的上顶力的作用，在中和点以下抽油杆柱由承受张应力变成压应力，迫使抽油杆弯曲，增大了扭力和摩擦力，使得下部抽油杆工作条件更加恶劣。因此，抽油杆柱承受的不是简单的不对称循环载荷，而实际上中和点以下的抽油杆承受的是不对称拉压循环载荷，加上抽油杆柱本身未加工面积达85%以上，不可避免地会有疲劳源存在，如果杆柱受力较小，所受应力明显小于耐久极限时，则无数次的交变循环载荷都不会使其损坏。但是，如果承受的应力接近甚至超过耐久极限，就可能因逐渐损伤而导致破坏即所谓的疲劳破坏。

在悬点最大载荷和悬点最小载荷的作用下，抽油杆产生了非对称的循环应力，且悬点最大载荷和悬点最小载荷也受井筒状况等各因素的影响而发生变化，抽油杆内非对称的循环应力也随之变化。当应力循环中的最大应力超过抽油杆柱许用最大应力时，经过一定的应力循环次数，以及载荷的反复变化冲击后，首先在抽油杆丝扣处、应力槽处或抽油杆上的缺陷处开始形成极细的裂纹，然后随着应力循环次数继续增加，裂纹逐渐扩展。当裂纹不断扩展到使抽油杆不能承受所加的载荷时，抽油杆就会突然断裂。在裂纹扩展的过程中，由于应力的交替变化，使裂纹两边的表面时而张开、时而压紧，因而彼此摩擦和挤压，逐渐形成光滑区。

从杆柱的最大惯性载荷计算公式可以看出，冲次增加之后，动载荷将按平方的规律增加，这会引起杆柱和地面设备的强烈震动，容易造成损坏。如果冲次超过一定数值，即当光杆下行速度超过杆柱在液体中靠自身重力下降的速度时，抽油杆柱就受到相当的挤压力。这样极容易使杆柱发生弯曲，致使杆柱与油管内壁的摩擦，容易造成因杆管偏磨导致的抽油杆断脱。冲数太快时，抽油杆柱受到改变运动方向的次数太多，容易发生弹性疲劳，缩短抽油杆的使用寿命。

2. 杆柱断裂位置分析

现场疲劳损坏的抽油杆断口，具有非常明显的特征，即逐渐损坏的部分因各面相互研磨而显得非常光滑，而超过弹性极限最大拉应力损坏的断面则很粗糙，并有明显的缩径塑性变形。从实际断点分布情况来看，抽油杆断裂并不全是在最大拉应力下发生，而是相当一部分在交变应力作用下发生。如果在最大拉应力下发生破坏，那么抽油杆的断裂将主要发生在拉应力最大的上部，但断裂部位统计表明，在抽油杆柱的上部、中部、下部都有断裂故障发生。另外，从现场实际观察发现，抽油杆发生脆性断裂，而不是塑性变形，这也是疲劳破坏的特点之一。总体来说，抽油杆的损坏大多都是由疲劳破坏造成的。影响钢材疲劳极限的因素有应力、周围环境的腐蚀特征、零件表面形状及工作应力范围等。

3. 抽油杆机械磨损

机械磨损也称油杆偏磨，即抽油杆在上、下冲程中，与油管发生相对运动产生刚性摩擦，造成杆管失效。根据现场杆柱偏磨的部位可分为杆体偏磨和接箍偏磨，根据偏磨的形状可分为单面偏磨、双面偏磨和锥面偏磨。

抽油杆在上冲程中，管柱内液柱的质量由油管转移到柱塞，油管开始弹性回缩，因回缩应力的影响，油管在中性点以下发生弯曲，使杆管接触而产生磨损。油管弹性弯曲造成的杆管偏磨主要集中在泵上部附近，即中性点以下到泵深位置。但中性点位置又与泵以下尾管的长度有关，若尾管加长，则泵以下油管的质量增大，中性点下移，可以有效地减小油管弯曲长度，缓解偏磨。

当杆管接触发生滑动摩擦时，磨损速度与它们之间的润滑状态有关，油井产出液的含水率对抽油杆和油管间的摩擦系数和磨损率具有显著影响，随着油井产出液含水率的增加，抽油杆和油管间的摩擦系数和磨损率增大。当油井产出液含水率小于70%时，摩擦系数处于0.06~0.13；当含水率处于70%~85%时，摩擦系数处于0.13~0.25。根据室内研究成果，当油井产出液含水率大于74%时，产出液换相，由油包水型转换成水包油型，摩擦的润滑剂由油变成水，失去原油的润滑作用，摩擦系数增大，油管内壁和抽油杆磨损速度加快。此理论就很好地解释了现场某些直井前几年生产未发生明显的偏磨现象，但近几年偏磨现象比较明显，其主导因素是随着开发时间的延长，含水上升，杆管的润滑介质发生变化，导致偏磨加重。

供液能力差、沉没度较低的油井在生产过程中，由于泵的充满程度较差，杆柱在下行时，柱塞与液面之间存在液击现象，液击力取决于柱塞撞击液面时的运动速度，我们通常把抽油机的运动看作简谐运动，当液击发生在上、下死点时液击力最小，液击发生在冲程的中间位置时液击力最大。当油井在低含水、低沉没度条件下，由于气体的缓冲作用，泵内一般不会产生液击高含水井。由于没有气体的缓解作用，一旦泵的充满系数不高，就会产生液击，增大下行阻力，易使发生抽油杆发生弯曲偏磨。

4. 抽油杆脱扣破坏

根据统计，在抽油杆脱扣中有70%发生在下部，主要是杆柱下部受活塞与泵筒的摩擦力、液体通过游动阀的阻力、柱塞与液面的撞击力，发生纵向弯曲，产生扭力矩。同时，载荷交替变化过程中产生振动和弯曲，抽油杆向下运动时与油管产生摩擦，造成接箍螺纹上的摩擦力瞬间变化，当扭力矩大于摩擦力时，就使接箍松动。由于修井作业过程中，抽油杆靠人力上扣，受扣的松紧和抽油杆丝扣处的清洁和润滑程度、上扣的斜正及作业人员的体力等因素影响，无论哪个环节有失误，都可能造成抽油杆的脱扣。合格的接箍连接应该是抽油杆上的螺纹根部台肩面与接箍端面紧密相贴，产生足够的挤压力。上扣扭矩的90%用来克服摩擦力，只有10%产生预紧力，如果预紧力达不到连接要求，上扣扭矩就会降低，使连接处失去预紧作用。

5. 抽油杆腐蚀破坏

绝大多数油井在开发中后期产出液中都会含水，而产出水中又含有各种腐蚀性介质，极易在抽油杆表面造成坑点腐蚀，形成应力集中区，再加上抽油杆在运行中遭受不对称循环载荷，促使抽油杆在腐蚀应力集中区断裂失效，从小修现场杆管、接箍表面腐蚀状况看，腐蚀破坏是抽油杆断裂最为主要的因素。在抽油杆上制取金相试样，在不同的放大倍数下观察腐蚀抽油杆的金相显微组织，在成像倍数100~500倍时，显微组织有呈球状和条状的腐蚀坑点，在成像倍数3000倍时，金相组织结构松散，颗粒间空隙较大，有呈针状的硫化腐蚀产物，还有一些层状的氧化物和球状的腐蚀坑点。从金相组织上可以看出，以硫化产物为主，原来的网状晶体遭到腐蚀产物的破坏，严重影响了抽油杆的疲劳性能。

从室内实验可知，油井采出液中含有大量的SRB、TGB、硫细菌等，这些细菌潜伏在储层的地层水中，当开采生成的新环境有利于细菌生长时，这些细菌就会大量繁殖。在这些细菌的影响中，以SRB腐蚀最具代表性。采出液大多呈Na_2SO_4水型，硫酸盐中的硫酸根常存于地层水中，通常情况下地层水中的SRB含量较低，这主要是因为地层高温、高压和高矿化度等因素限制了它们的生长，同时在地层中因缺少有机营养，细菌很难大量繁殖。随着采出液被提升，由于温度、压力、流速的变化，SRB生长环境发生了变化，使得SRB迅速繁殖，含量急剧升高。在SRB作用下，井筒产生严重腐蚀，其腐蚀产物主要为含硫化合物垢类物质FeS。黑色的FeS稳定性较好，与其他垢类物质结合常附着于泵筒和管壁上，使其与管壁之间形成更适合于生长的封闭区，进一步加剧井筒管壁的腐蚀，即通常所说的垢下腐蚀，在管壁形成严重的坑蚀或局部腐蚀，最后形成凹口，抽油杆因应力集中而在此断裂。

从采出液室内离子浓度实验可知，油井采出水矿化度较高，富含大量Cl^-，井筒的腐蚀不容忽视，可将其腐蚀视为微电池腐蚀和宏观电池腐蚀的结合。金属表面分布着许多杂质，当它与盐水电解质溶液接触时，这个表面必然有许多微小的阴极和阳极同时存在，金属表面形成许多微小的原电池，称为微电池。井筒不同部位的含盐量不同，使井筒各段的电极电位不同，可以把井下油套管看成一个宏观电池。电化学腐蚀中受Cl^-影响较大，其次是受Ca^{2+}、Mg^{2+}的影响，电化学腐蚀也是油井腐蚀的一个主要方面。

10.2.2 抽油杆疲劳破坏宏观形貌分析

如图10－3所示，为延长某油井疲劳断裂后的抽油杆，对其进行宏观形貌分析。

图10－3 疲劳断裂后的抽油杆样品

如图10－4所示，该抽油杆断裂表面具有一层红褐色的油井腐蚀产物，从图中可以看出，断裂的裂纹起源于抽油杆的外表面，瞬断区面积大约占整个疲劳断口面积的1/5。由此可见，在瞬断区该抽油杆断裂时所承受的载荷水平不高。

在复杂井况下，抽油杆疲劳寿命相比只承受交变载荷时明显下降了许多，油田现场疲劳破坏的主要特征是抽油杆断裂的杆体表面存在许多腐蚀坑，同时分布比较均匀，如图10－4和图10－5所示。在疲劳断口处存在很多比较明显的疲劳断裂迹象，并且保留着非常多的和疲劳断裂过程相关的信息，具有非常明显的疲劳断口形貌特征。如图10－5所示，抽油杆从杆体处断裂，疲劳断口处的形貌大概可以分为疲劳裂纹源、裂纹扩展区和瞬断区。表面覆盖着一层褐色的腐蚀产物，瞬断区为很小的面积，几乎可以忽略，而且其断口比较齐平，没有出现颈缩现象，发生脆性瞬断，因此其断裂为交变载荷与腐蚀介质共同作用下产生的低应力脆断。

图 10－4　抽油杆疲劳断面形貌(一)

图 10－5　抽油杆疲劳断面形貌(二)

如图 10－6 所示，抽油杆从杆体处断裂，可以看到在抽油杆杆体上存在许多被腐蚀的坑洞，这些腐蚀导致抽油杆断裂面面积减小，承载能力也大幅降低。由于腐蚀坑的形成在抽油杆杆体处形成了局部应力集中，导致在腐蚀坑底部萌生了疲劳裂纹，在循环交变载荷和腐蚀介质共同作用下，疲劳裂纹不断向前扩展，直至最终断裂，所经历的周期较短，属于低周腐蚀疲劳断裂。

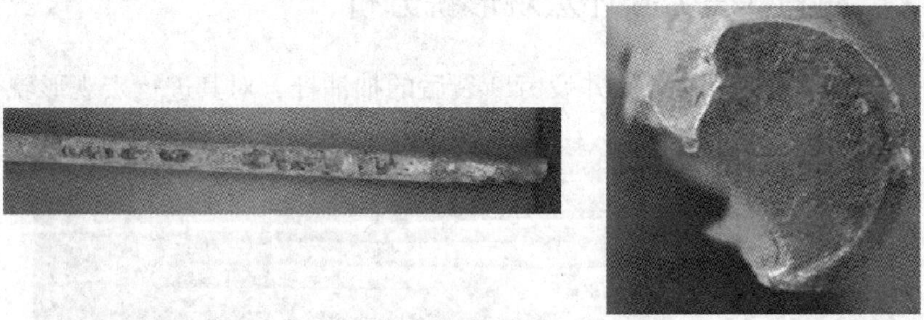

图 10－6　抽油杆疲劳断面形貌(三)

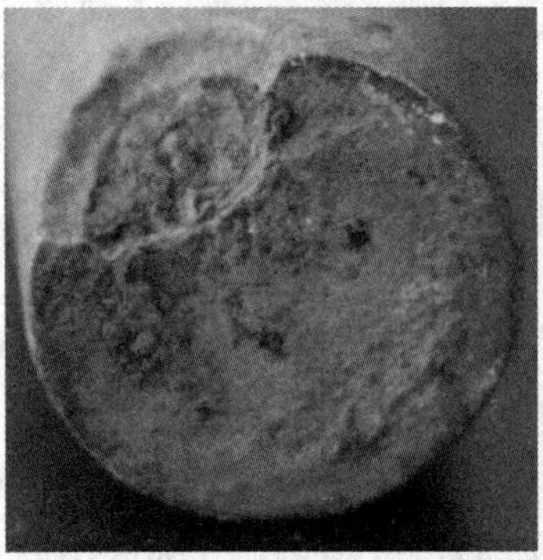

图 10－7　抽油杆疲劳断面形貌(四)

如图 10－7 所示，为抽油杆制造缺陷所造成的疲劳断裂，从断口处可以看到，该抽油杆在制造时，内部存在深黑色的夹杂物。在上、下冲程中，抽油杆承受交变载荷的作用，使得裂纹源逐步萌生及扩展，当疲劳裂纹扩展到夹杂物处时，就会快速发生断裂。

10.2.3　抽油杆材料性能分析

选取两个典型杆体试样对其进行成分检测、硬度检测，以及其疲劳破坏处产物晶相组成分析，以此来确定抽油杆疲劳破坏的影响因素。编号为 1 号试样和 2 号试样，如图 10－8 和图 10－9 所示。

(a)清理前

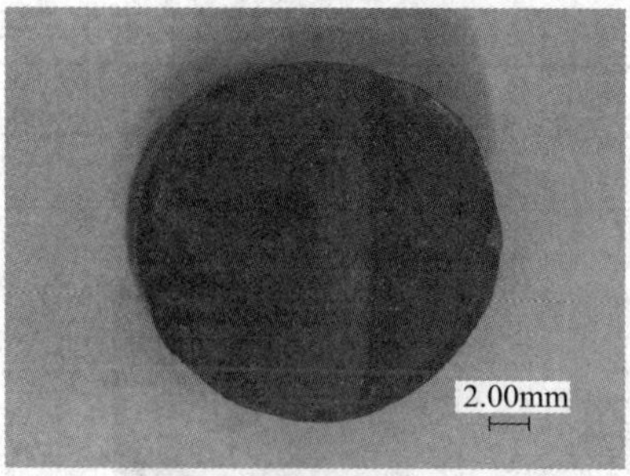

(b)清理后

图 10－8　1 号试样断口清理前后形貌

(a)清理前

(b)清理后

图 10－9　2 号试样断口清理前后形貌

1）抽油杆化学成分分析

采用 Q4 TASMAN 直读光谱仪（图 10－10）分别对 1 号试样和 2 号试样进行成分检测，其检测结果如表 10－1 和表 10－2 所示。

对表 10－1、表 10－2 和表 10－3 中数据进行对比，可以发现 1 号试样和 2 号试样化学成分满足国家标准。

图 10－10　Q4 TASMAN 直读光谱仪

表 10－1　1 号试样化学成分　%

C	Si	Mn	P	S	Cr	Mo	Ni
0.328	0.317	0.586	0.0094	0.0042	1.036	0.200	0.029
Cu	B	Co	Nb	Ti	V	Fe	
0.031	<0.001	0.0091	<0.001	0.0055	0.0083	97.29	

表 10－2　2 号试样化学成分　%

C	Si	Mn	P	S	Cr	Mo	Ni
0.308	0.259	0.527	0.0081	0.0064	1.024	0.175	0.050
Cu	B	Co	Nb	Ti	V	Fe	
0.054	<0.001	0.0064	<0.001	0.0018	0.0062	97.57	

表 10－3　国家标准中 30CrMo 抽油杆材质化学成分　%

C	Si	Mn	Cr	Mo
0.26～0.33	0.17～0.37	0.40～0.70	0.80～1.10	0.15～0.25

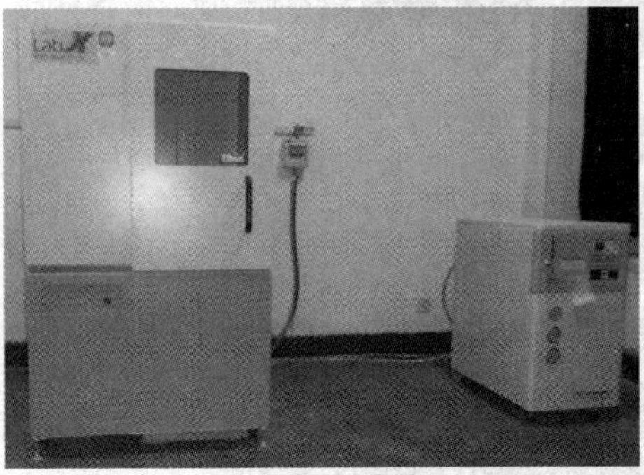

图 10－11　X－射线衍射仪 XRD－6000

2)疲劳破坏处产物晶相组成分析

采用 X－射线衍射仪 XRD－6000(图 10－11)对 1 号试样和 2 号试样疲劳断裂处的晶相组成进行分析。实验条件为：滤波 Cu，高压强度为 40kV，电流为 30mA，以 2θ 角 10°/min、10°～90°连续扫描。

将从 1 号试样和 2 号试样上取得的样品研磨成粉末之后进行物相分析，图 10－12 和图 10－13 分别为 1 号试样和 2 号试样的 XRD 图谱。

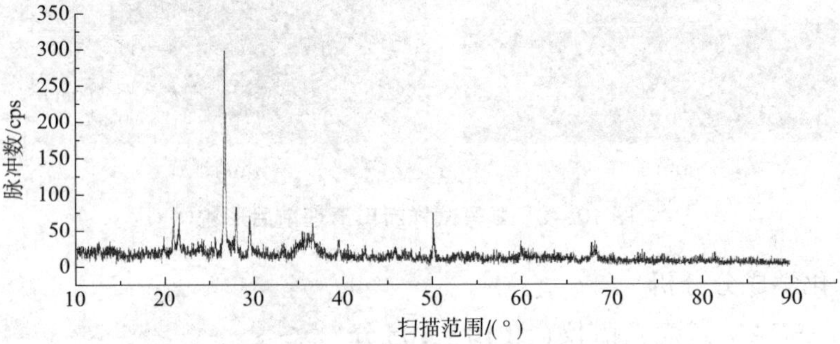

图 10－12　1 号试样 XRD 图谱

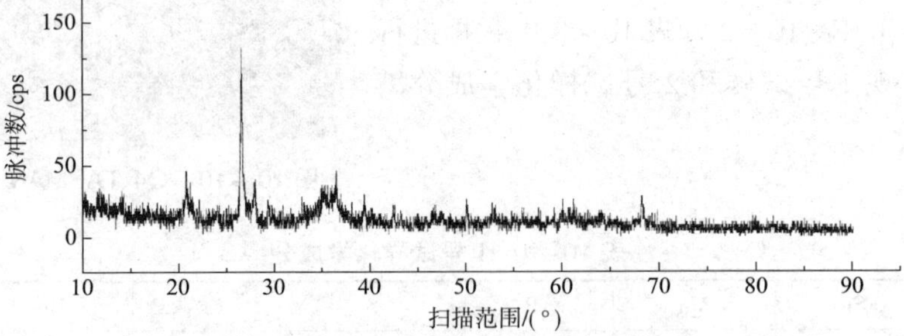

图 10－13　2 号试样 XRD 图谱

通过对 1 号试样和 2 号试样的 XRD 图谱进行分析可以发现，抽油杆疲劳破坏处产物的主要成分是铁硫化合物、Fe_2O_3 及硅类化合物。其中，铁硫化合物应该是井液中 H_2S 腐蚀产生的；Fe_2O_3 的产生与油井井液中发生的 CO_2 腐蚀及 HCO_3^- 密切相关；硅类化合物应该为地层中的物质。

3)硬度测试

在两个典型抽油杆断裂处取样，采用 TH－500 洛氏硬度计进行多点硬度测试并取得平均值，结果如表 10－4 所示。

表 10－4 硬度测试结果

试 样	测量值/HRC					平均值/HRC
1	32.6	37.4	35.3	35.6	38.1	35.8
2	31.1	34.8	33.6	33.3	34.5	33.5

从表 10－4 中可以看出，1 号试样和 2 号试样的硬度分别为 35.8HRC 和 33.5HRC，因此疲劳断裂后的抽油杆的硬度仍然符合《抽油杆》(SY/T 5029—2013)的规定。

10.2.4 抽油杆微观形貌分析

通过对 HY 级抽油杆疲劳断裂试件进行微观断口分析，通过抽油杆疲劳裂纹源区的微观形貌图，可以观察到疲劳断裂面绝大部分都为解理断裂，而且解理面大小不一，但近似等轴排列；在解理面之间掺杂着少量且非常细小的韧窝，其周围的撕裂棱不是非常明显；少量的短距离裂纹存在于不同的解理面的边界处，且这些裂纹杂乱，不具有明显的方向性；断面处存在一些油精的腐蚀产物。还可以观察到疲劳断裂面处非常明显的解理台阶，其方向垂直于裂纹扩展方向，在每一个解理台阶处，解理面都是沿着裂纹扩展方向排列的，且这些解理面之间分布着较长的二次裂纹，但这些二次裂纹并未穿过解理台阶，而是在一个解理台阶中进行扩展。抽油杆发生脆性断裂，可以观察到在该区域分布着大小、深浅不同的韧窝。

通过观察扳手方、过渡区及螺纹部位的抽油杆疲劳断口形貌发现，断裂于扳手方的抽油杆的断裂原因与其截面尺寸关系不大，而应该是扳手方处的组织性能和抽油杆杆体组织性能存在差异所造成的，其中扳手方处的淬硬层缺失及薄弱是抽油杆扳手方处疲劳裂纹启裂和扩展时间短的主要因素。而断裂于抽油杆过渡区的疲劳断口处的疲劳裂纹存在明显的尺寸不连续问题，同时还发现，疲劳裂纹在淬硬层的扩展痕迹大于心部，因此越是高强度材料，抗疲劳裂纹萌生能力越强，但是疲劳裂纹一旦开始扩展，高强度材料抵抗裂纹扩展能力反而不如低强度材料。一般在螺纹处都会出现应力集中问题，当然抽油杆也不例外，然而在抽油杆设计之初就考虑到螺纹处存在的问题，可以发现螺纹处疲劳断口上疲劳裂纹源位置十分显眼，呈现深灰色，说明裂纹萌生阶段时间很长，因此螺纹处发生疲劳断裂时的应力循环次数一般较多。

根据油田现场及疲劳实验结果可以发现，抽油杆疲劳断裂的位置主要在一些尺寸变化较大的地方，例如扳手方、过渡区及螺纹部位。

10.3 抽油杆静力学仿真分析

抽油杆疲劳断裂的位置一般在应力集中处。其中，螺纹和扳手方处疲劳断裂的次数最多，由于螺纹连接处在工作时应力变化情况较为复杂，因此利用有限元软件，对抽油杆螺纹连接处进行数值模拟，分析抽油杆螺纹段连接处的应力状况及疲劳寿命，研究其疲劳破坏规律。

ABAQUS 软件是美国 HKS 公司开发的用于产品设计分析的有限元分析软件。由于其具有强大的静态及动态结构分析等有限元分析功能，所以被广泛应用于石油化工、土木工程、汽车制造等多个领域。同时，ABAQUS 软件还可用于流体、磁场、声场、电场等的耦合分析。不仅如此，ABAQUS 软件还拥有丰富的模型材料库供用户选择，且具有非常友好的人机交互界面使用户容易上手。

利用 Solid Works 软件建立抽油杆的仿真模型。一根根抽油杆通过接箍连接起来组成井下抽油杆柱。而抽油杆柱在上、下冲程中，承受着循环交变载荷。由于井下工作环境复杂，在进行抽油杆柱疲劳寿命仿真分析时，就必须要对抽油杆柱所承受的载荷进行简化。根据中华人民共和国石油与天然气行业标准《抽油杆》(SY/T 5029—2013)，抽油杆的结构如图 10－14 所示。

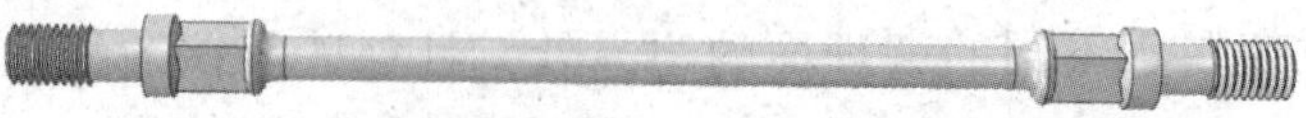

图 10－14　抽油杆结构

常用抽油杆可以根据其强度分为普通抽油杆和高强度抽油杆，而普通抽油杆中的 C 级抽油杆多用于一些负荷较轻的油井，D 级抽油杆则常用于一些负荷较重的油井，H 级超高强度抽油杆则多用于一些重、超重负荷的油井。本章采用 H 级抽油杆作为仿真模拟的对象，主要研究公称直径为 22mm 的 H 级超高强度抽油杆，其具体结构尺寸如表 10－5 所示。

表 10－5　H 级超高强度抽油杆具体结构尺寸

抽油杆公称直径/mm	杆体直径/mm	螺纹长度/mm	卸荷槽直径/mm	外螺纹台肩直径/mm	扳手方宽度/mm	扳手方长度/mm	镦粗凸缘直径/mm
22	22.23	41.28	26.42	41.3	25.4	31.8	38.1

10.3.1　抽油杆模型导入及网格化分

将应用 Solid Works 建模软件建立的抽油杆模型导入 ABAQUS 有限元分析软件，修正因导入出现的一些尺寸误差。然后对抽油杆模型进行网格划分，由于螺纹处形状较为复杂，因而采用四面体网格划分方法，同时对抽油杆扳手方、螺纹、镦粗凸缘处的网格进行加密处理。如图 10－15 所示，分别为抽油杆划分网格前后的模型图。

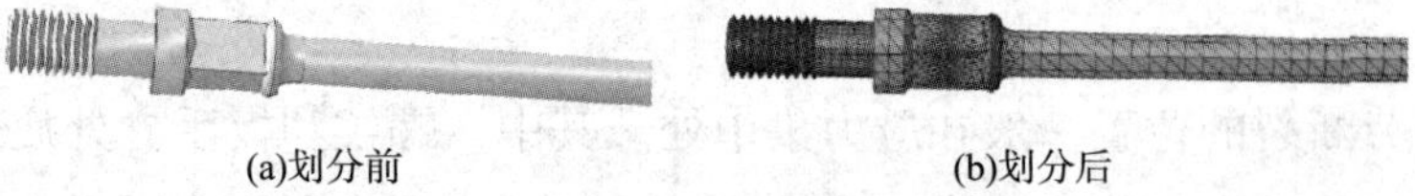

(a)划分前　(b)划分后

图 10－15　抽油杆划分网格前后的模型

10.3.2 材料属性定义及载荷施加

采用 ABAQUS 有限元分析软件对公称直径 22mm 的超高强度抽油杆进行静力学仿真分析。首先对抽油杆模型材料性能进行定义，具体材料性能如表 10－6 所示。为了能够更加真实地反映抽油杆在井下所受载荷情况，对抽油杆一端的螺纹及台肩面进行固定约束，对抽油杆另一端进行交变载荷施加。

表 10－6 抽油杆材料性能

质量密度/(t/mm^3)	弹性模量/MPa	泊松比
7.8×10^{-9}	200000	0.3

为了得到符合实际情况的交变载荷，本书中采用文献中胜利油田某油井的生产数据进行计算，该油井生产数据如表 10－7 所示。

表 10－7 油井生产数据

抽油机型号	CYJ12－4.8－73HB	原油密度/(kg/L)	0.9312	冲程/m	4
抽油杆规格	HY(ϕ22mm)级	原油黏度/mPa·s	237	冲次/min^{-1}	4
泵挂深度/m	1205	动液面/m	973	电动机功率/kW	22

抽油杆在井下工作时主要承受其底部抽油杆柱自重产生的拉力、在原油中运行时原油对其产生的阻力、液柱载荷、原油对杆柱产生的浮力及杆柱运动产生的惯性载荷等。为了方便仿真分析，以抽油杆柱最上部一段杆柱进行载荷计算，其在井下工作时所受的最大载荷计算公式为：

$$F_{\max}=F_r'+F_1+F_r\frac{sn^2}{1790}\left(l+\frac{r}{l}\right) \tag{10-2}$$

最小载荷计算公式为：

$$F_{\min}=F_r'+F_r\frac{sn^2}{1790}\left(l+\frac{r}{l}\right) \tag{10-3}$$

式中 F_r'——液体中抽油杆的重力；

F_1——上冲程时液柱的重力；

F_r——抽油杆在空气中的重力；

s——冲程；

n——冲次；

r——曲柄半径；

l——连杆长度。

如图 10－16 所示，结合油井生产数据得到抽油杆在一个冲程长度内的示功图，即抽油杆在一个冲程内载荷随悬点位移变化的情况。根据悬点位移，结合抽油机运动情况，将得到的抽油杆的示功图转化为载荷随时间变化曲线，如图 10－17 所示。

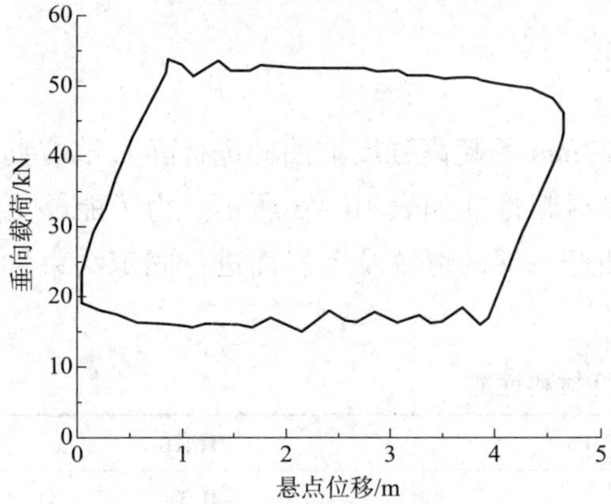

图 10－16　油井示功图

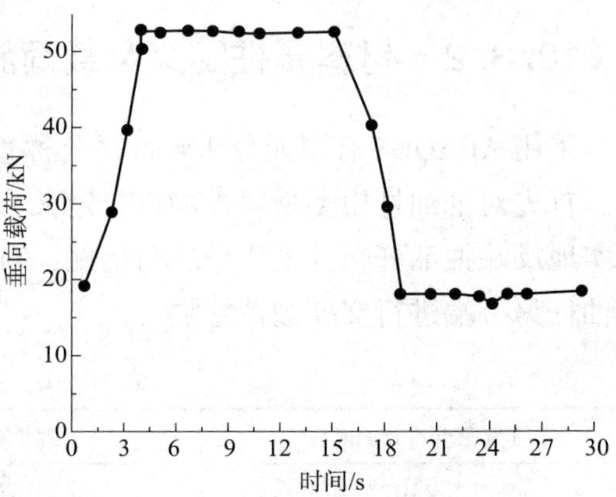

图 10－17　载荷随时间变化曲线

根据上述计算结果，施加交变载荷，使用 ABAQUS 有限元分析软件中的 Amplitude 幅值曲线进行一个冲程内交变载荷的施加。如图 10－18 所示，为抽油杆模型施加交变载荷和约束条件。

图 10－18　为抽油杆模型施加交变载荷和约束条件

10.3.3　结果分析

如图 10－19 所示，通过仿真分析得到抽油杆上最大主应力分布云图，从图中可以看到，抽油杆两端的螺纹根部、台肩根部、扳手方及接近镦粗凸缘的杆体部位的最大主应力比较大，相对较为危险。卸荷槽台肩及镦粗凸缘部位由于截面积较大，不易产生应力集中，相对较为安全。如图 10－20 所示，为抽油杆在工作过程中沿轴向的形变云图，其中最大形变为 0.2267mm，可见抽油杆在工作过程中沿轴向一般不会有较大的形变产生。

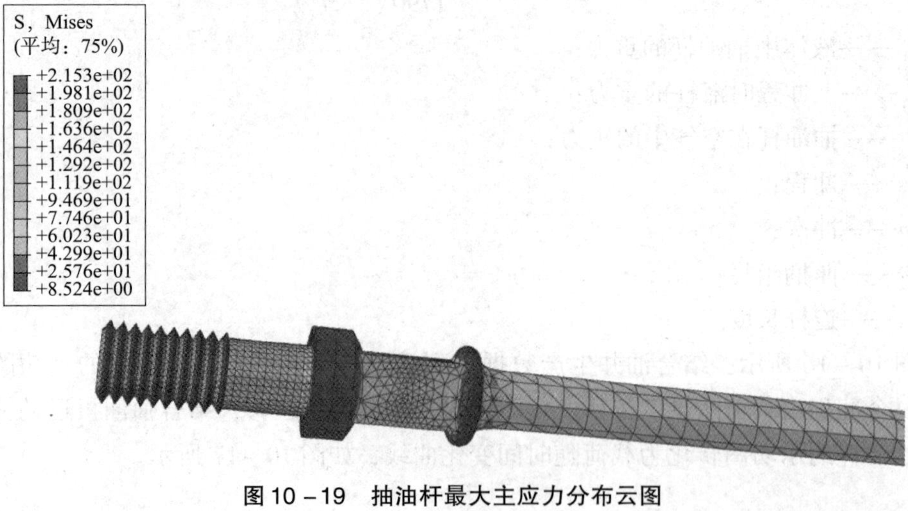

图 10－19　抽油杆最大主应力分布云图

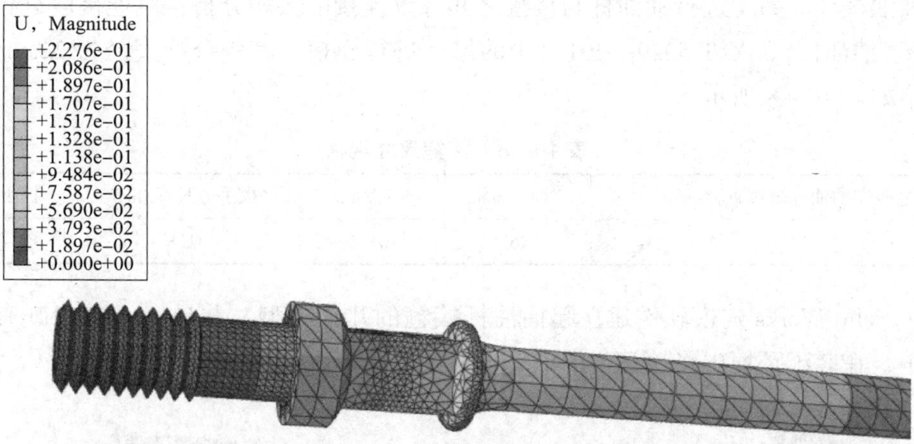

图 10 – 20　抽油杆沿轴向的形变云图

如图 10 – 21 所示，根据 ABAQUS 有限元分析软件静力学分析结果，绘制出抽油杆中螺纹根部、台肩根部、扳手方及接近镦粗凸缘的杆体处一个冲程内的主应力变化曲线。从图中可以看到，抽油杆在上冲程中出现最大主应力，而在下冲程中出现最小主应力。其中，接近镦粗凸缘的杆体处主应力最大，因此抽油杆在该位置出现疲劳破坏的可能性最大。

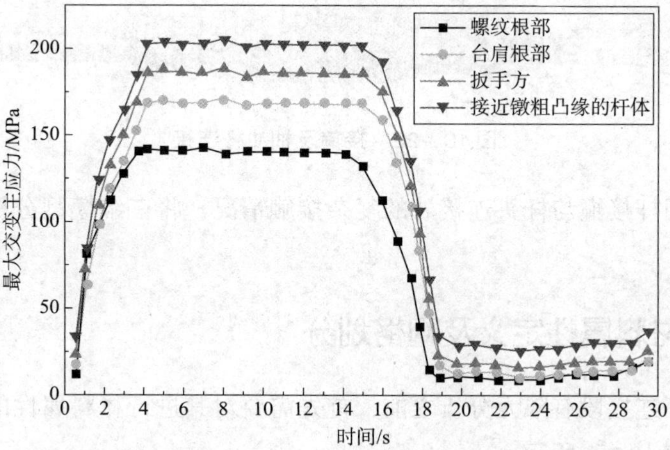

图 10 – 21　抽油杆一个冲程内不同位置应力变化曲线

10. 4　抽油杆连接段静力学分析

10. 4. 1　抽油杆连接处接箍几何仿真建模

抽油杆柱有上千米的长度，制造上千米长的抽油杆很不现实，因此每一根抽油杆的两端都为外螺纹，在井下工作时，抽油杆就通过接箍将其一根根连接起来，从而组合为上千米长的抽油杆柱。为了进行抽油杆与接箍之间螺纹连接的接触分析，对连接段进行几何建模。按照《抽油杆》(SY/T 5029—2013)中的尺寸进行建模，其中公称直径为 22mm 的接箍尺寸规格如表 10－8 所示。

表 10－8　接箍尺寸规格

与之匹配抽油杆公称直径/mm	外径/mm	长度/mm	扳手方长度/mm	扳手方/mm
22	46	101.6	31.8	41.3

使用 Solid Works 建模软件建立起抽油杆接箍的几何模型，并导入 ABAQUS 有限元分析软件中，在装配环境中将接箍与抽油杆进行配合组装，如图 10－22 所示。

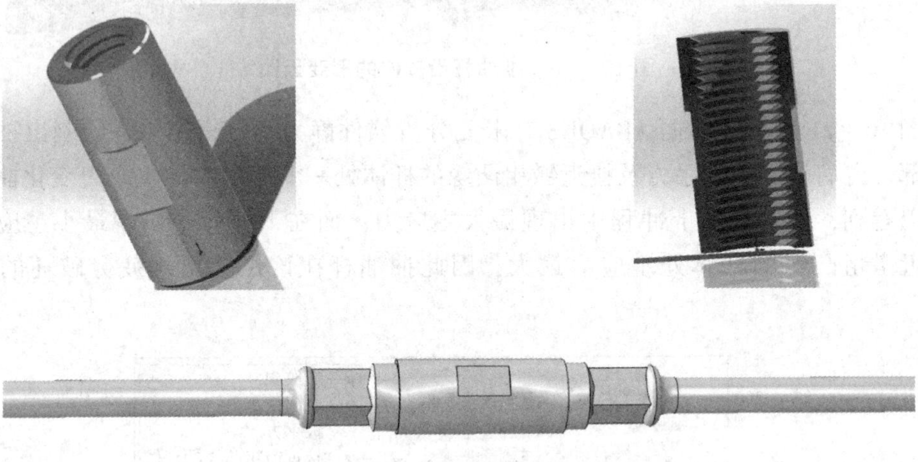

图 10－22　接箍及抽油杆连接

为了简化抽油杆接箍与杆头连接处的复杂接触情况，将三维模型分析转换成平面内的二维应力分析。

10.4.2　材料属性定义及网格划分

在进行抽油杆连接段有限元分析之前，首先需要对其进行材料属性的定义及网格的划分，材料属性如表 10－6 所示。

对模型进行网格划分是重中之重。网格的类型及网格密度会对抽油杆连接段有限元分析的精度产生直接影响。因此，在进行网格划分时采用四面体单元。如图 10－23 所示，由于抽油杆连接段的螺纹面几何形状比较复杂，所以在进行网格划分时，需要对螺纹面处的平面进行剪裁，将不规则的面裁剪为四边形，然后进行网格划分。

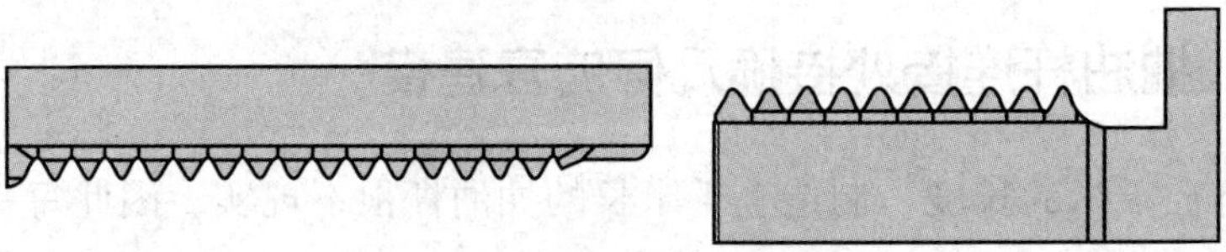

图 10－23　裁剪螺纹面

如图 10－24 所示，为了使分析更加精确，需要将螺纹处的网格划分得更密一些。

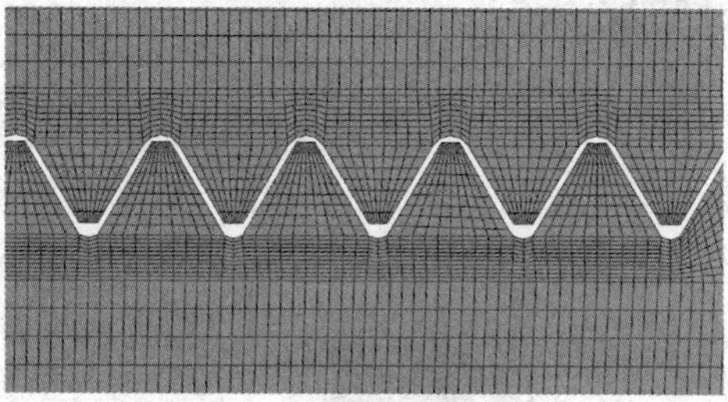

图 10－24　网格划分

10.4.3　载荷及约束条件的添加

在进行抽油杆螺纹连接处的有限元分析时，需要对螺纹接触面进行约束，使得外螺纹与内螺纹在分析时相互配合，同时为了防止螺纹在加载过程中出现径向位移，要进行位移约束，如图 10－25 所示。

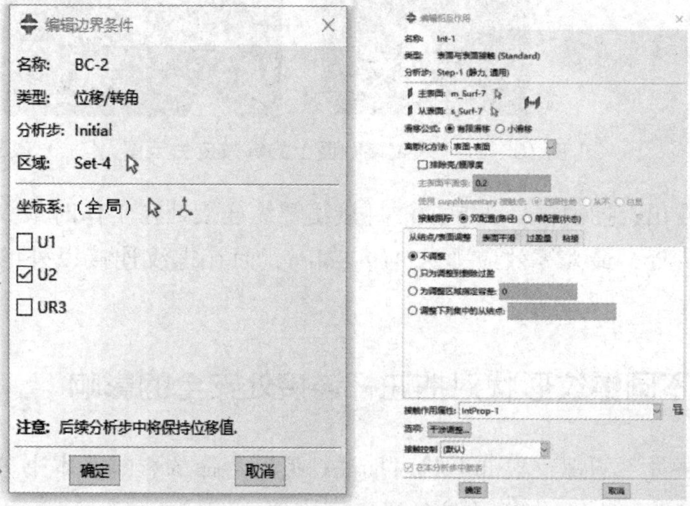

图 10－25　螺纹配合及边界条件定义

然后施加载荷，对抽油杆接箍的一端进行固定，在抽油杆杆头台肩右边端面施加均布载荷，如图 10－26 所示。在提交作业分析后，得到应力云图。

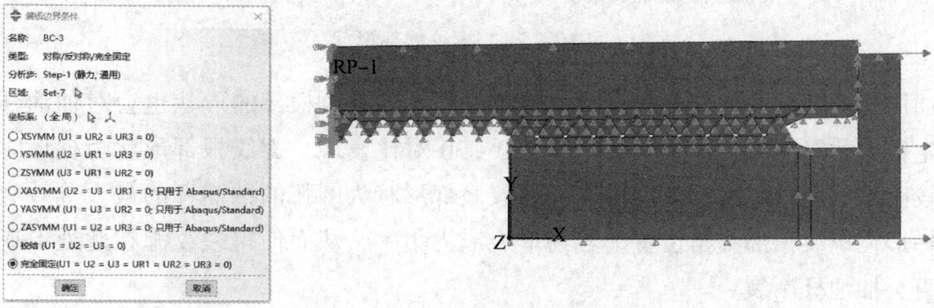

图 10－26　施加载荷添加约束

10.4.4 有限元分析结果

如图 10－27 所示，为有限元分析得到的螺纹接触面上的等效应力云图。

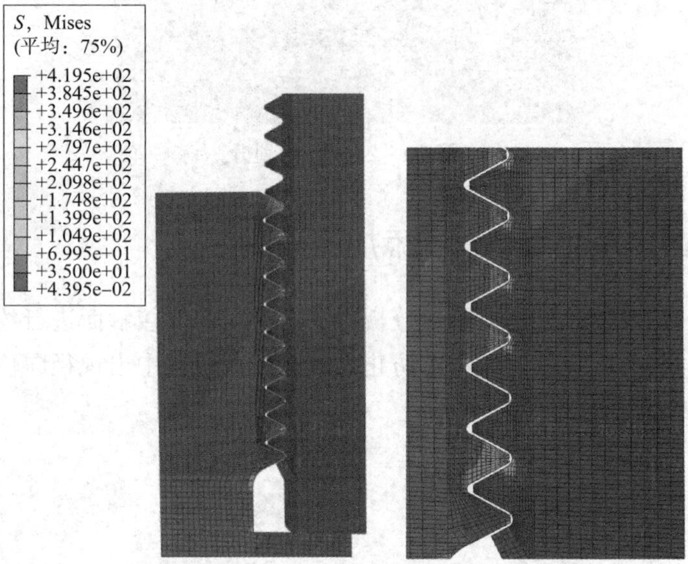

图 10－27 螺纹接触面上的等效应力云图

从图中可以看出，抽油杆杆头与抽油杆接箍螺纹连接处在工作时最大等效应力出现在螺纹连接处的牙尖处，最大等效应力为 419.5MPa，而在螺纹连接以外的其他位置的等效应力较小。

10.4.5 不同螺纹形状对抽油杆连接处安全的影响

为了研究杆头处不同螺纹根部形状对抽油杆疲劳寿命的影响，本书分别对两种不同的螺纹根部形状的杆头(图 10－28)连接处进行了模拟。

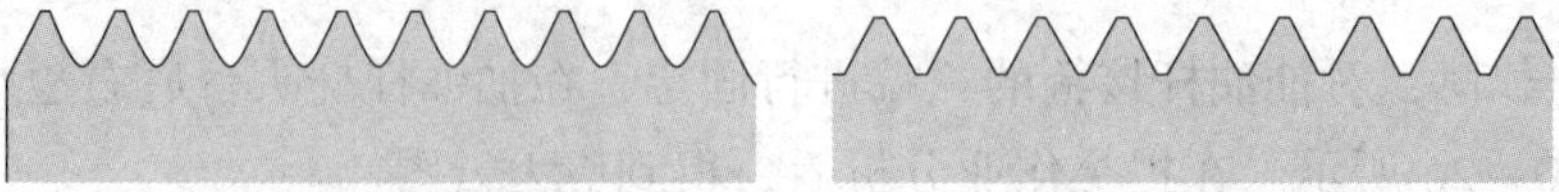

(a)螺纹根部形状为梯形　(b)螺纹根部形状为圆弧

图 10－28 螺纹根部形状

在油田现场断裂的抽油杆中发现，抽油杆杆头处螺纹根部的形状也会对抽油杆的疲劳寿命产生很大的影响，由图 10－29 和图 10－30 对比发现，螺纹根部形状为梯形时，应力集中比较明显，而且最大等效应力大于螺纹底部形状为圆弧的抽油杆的最大等效应力，这是由于梯形在螺纹根部尖角位置上容易形成应力集中，从而使得裂纹源在此处形成，裂纹扩展，直至抽油杆断裂。

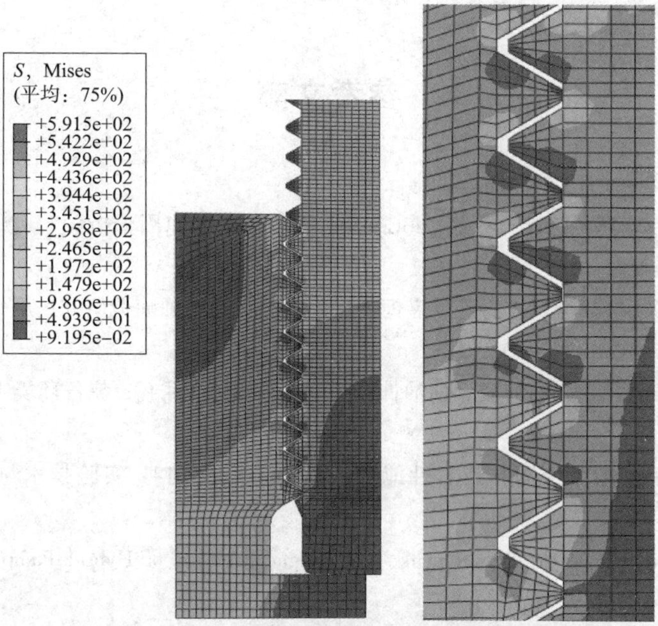

图 10－29　螺纹根部形状为梯形的应力云图

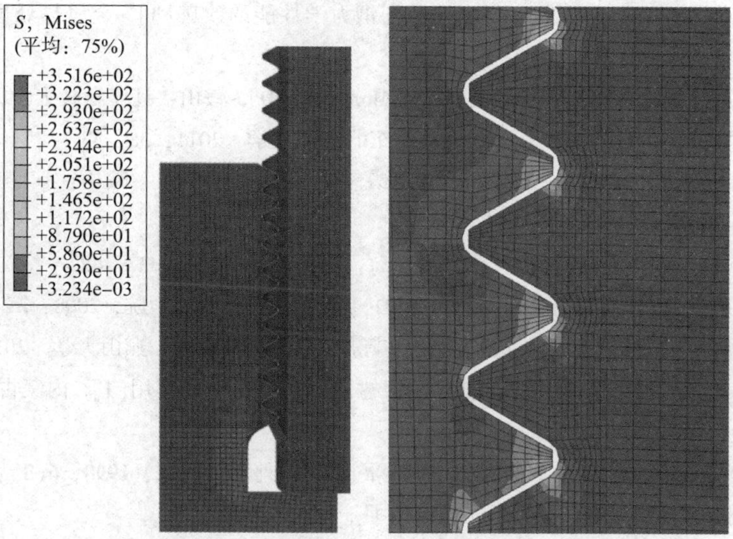

图 10－30　螺纹根部形状为圆弧的应力云图

参考文献

[1]SY/T 5029—2013《抽油杆》[S]. 2013：3 – 5.

[2]边勇俊，石伟，劳金越，陈洁，张娜 . 20CrMo 钢抽油杆断裂原因分析[J]. 金属热处理 2011(09)：9 – 36.

[3]李辉，付磊，林莉，罗云蓉，李秀兰，谌理飞 . 金属材料的腐蚀疲劳研究进展[J/OL]. 热加工工艺，2021(06)：7 – 12[2020 – 11 – 19].

[4]梁毅，赵春，樊松，雷宇，石海霞 . 抽油杆疲劳性能实验分析[J]. 装备环境工程，2019，16(07)：39 – 42.

[5]万德立，刘恩 . 灰色系统预测在疲劳性能研究方面的应用[J]. 实验技术与实验机，1992(04)：17 – 19.

[6]Kopei B V，Stefanyshyn A B，Venhrynyuk T P. Fatigue Strength of Hybrid Pump Rods. 2019，54(5)：739 – 742.

[7]刘洪波，徐咏梅，王长智 . 抽油杆拉 – 拉疲劳实验早期断裂原因分析[J]. 特钢技术，2016，22(01)：23 – 27.

[8]关玉佐，王晓华，齐长发 . FG20 高强度抽油杆钢力学性能的改善[J]. 金属热处理，2003，28(6)：22 – 25.

[9]刘发友 . 超高强度抽油杆用热轧带肋圆钢 25CrMoA 研制[D]. 鞍山：辽宁科技大学，2011. 24 – 32.

[10]王成文 . 抽油杆疲劳可靠性分析[D]. 大庆：东北石油大学，2011：38 – 43.

[11]王昭君 . 稀土元素对 25CrMoA 抽油杆钢组织和性能的影响[D]. 鞍山：辽宁科技大学，2011：18 – 26，28 – 30.

[12]仇杰 . 抽油杆疲劳损伤界限的研究[D]. 秦皇岛：燕山大学，2007：37 – 42.

[13]郝丽丽 . 抽油杆失效分析及剩余寿命的研究[D]. 大庆：大庆石油学院，2008：25 – 30.

[14]吴长杰 . 抽油杆柱有限元分析模型的改进与实际应用[D]. 秦皇岛：燕山大学，2010：33 – 53.

[15]李臣，郭显赋，靳丹丹 . 高强度抽油杆在七棵树油田水平井中的应用[J]. 内蒙古石油化工，2012，12(5)：149 – 150.

[16]张连山 . 国外新结构和高强度抽油杆的技术发展[J]. 国外石油机械，1998，6(3)：24 – 29.

[17]王济新 . 抽油杆[Z]新疆油田公司，2010 年 6 月 .

[18]马邦永 . 水平井深抽抽油杆柱优化配置研究[D]. 东营：中国石油大学(华东)，2009：28 – 36.

[19]吴则中，陈强，等 . 我国 29 年来抽油杆研制工作回顾与展望，石油矿场机械[J]. 2012，41(1)：62 – 67.

[20]吴则中，田丰，李策，孙伟毅，等 . 18 年来我国抽油杆的科技进步与研制成果[J]. 石油机械，1999，27(11)：43 – 46.

[21]吴则中，钟永海，孟忠良，等 . 我国抽油杆研制工作的现状及发展方向[J]. 石油机械，2008，36(2)：63 – 66.

[22]王少力，郑子元，等 . 超高强度抽油杆在国内外的推广应用[J]. 石油矿场机械，2008，37(4)：24 – 27.

[23]梁超，户贵华，吝拥军，等．HY 超高强度抽油杆的应用[J]．内蒙古石油化工，2012，1(1)：153－154.

[24]文志雄，易晓蓉．SY/T 6272—1997《超高强度抽油杆》标准验证研究[J]．石油机械，2005，33(6)：5－7.

[25]陈国明，东升方，方华灿．超高强度抽油杆的可靠性增长实验[J]．中国石油大学学报(自然科学版)，1993，17(3)：58－64.

[26]王文昌．三维曲井抽油杆柱动力学特性分析研究与应用[D]．上海：上海大学，2010. 13－15.

[27]张连山．国外抽油杆的技术发展[J]．钻采工艺，1997，20(6)：54－60.

[28]郑贵，孙良伟．抽油杆(H 级)抗拉强度测量结果不确定度的评定[J]．石油工业技术监督，2008，5(5)：44－45.

[29]GB/T 228—2002. 中华人民共和国国家标准－金属材料室温拉伸实验方法[S].

[30]刘茂．确定抽油杆许用应力的古德曼应力图法剖析[J]．石油矿场机械，1986，15(2)：7－9.

[31]吕瑞典，许明．修正的古德曼应力图及许用安全系数[J]．石油学报，2001，22(6)：86－90.

[32]SY/T 6272—1997. 中华人民共和国石油天然气行业标准－超高强度抽油杆[S].

[33]SY/T 5029—2006. 中华人民共和国石油天然气行业标准－抽油杆[S].

[34]高建明．材料力学性能[M]．武汉：武汉理工大学出版社，2003：47－50.

[35]宋开利．超高强度抽油杆 P－S－N 曲线实验研究[J]．石油矿场机械，2003，32(5)：27－29.

[36]黄东升，赵学胜，宋孟裕．超高强度抽油杆的疲劳筛选实验[J]．石油机械，1993，21(10)：22－27.

[37]李其．抽油杆表面裂纹及剩余寿命的可靠性研究[D]．哈尔滨：哈尔滨工程大学，2006：85－95.

[38]王国丽，魏嘉荃，等．抽油杆材料疲劳裂纹扩展规律的概率研究[J]．大庆石油学院学报，1993，17(1)：78－82.

[39]单丙娟，李其．抽油杆的疲劳失效及疲劳寿命分析[J]．内蒙古石油化工，2008，10(12)：37－38.

[40]李晓秋．抽油杆可靠性及其剩余寿命研究[D]．大庆：大庆石油学院，2007：48－58.

[41]姚红星，柳春图．抽油杆裂纹扩展的实验研究和剩余疲劳寿命的预测[J]. 2007，29(5)：865－869.

[42]胡雨人．抽油杆疲劳断裂研究——寿命预估[J]．石油学报，1989，10(1)：122－130.

[43]王成文，李其．抽油杆疲劳寿命可靠度计算[J]．科学技术与工程，2010，10(29)：7267－7269.

[44]林元华，张德平，等．抽油杆疲劳寿命计算研究[J]．石油钻采工艺，2005，27(6)：66－69.

[45]李其，魏嘉荃，等．抽油杆剩余寿命的研究[J]．大庆石油学院学报，1994，18(4)：53－56.

[46]孟宪红，苏芳．抽油杆剩余寿命与初始表面裂纹形状关系研究[J]．石油矿场机械，2007，36(10)：8－10.

[47]张红．抽油机井检泵周期与杆柱寿命的可靠性预测方法[D]．秦皇岛：燕山大学，2012：47－50.

[48]林成德，高兰，等．对三种抽油杆寿命预测方法及其可靠性的初步探讨[J]．石油工业技术监督，1998，14(7)：40－42.

[49]李华屏．用 P－S－N 曲线改进抽油杆的疲劳寿命检测和评定[J]．石油矿场机械，1993，22(4)：8－10.

[50]龚雪，张树江，李鹏，等．抽油杆柱的组合设计[J]．当代化工，2012，41(3)：280－281.

[51]周兴付．深井有杆抽油系统数值模拟研究[D]．南充：西南石油大学，2004：19.

[52]苗长山，黄源琳，王旱祥，王艳红．抽油杆偏磨三维力学模型的建立与分析[J]．石油机械，2007，

35(12)：28－31.
[53]王文昌，狄勤丰，姚建林，等．小井眼定向井抽油杆柱底部边界载荷确定方法[J]．钻采工艺，2010，33(3)：77－80.
[54]缪明才．斜井抽油杆柱主要摩擦位置确定方法[J]．江汉石油学报，2001，23(2)：40－42.
[55]闫沁山，林革．定向井抽油杆柱优化设计研究[J]．新疆石油科技，2007，1(17)：27－29.
[56]李振智．定向井有杆抽油系统优化设计与数值模拟研究[D]．南充：西南石油大学，2004：51－53.
[57]肖小红．斜井有杆抽油系统优化设计研究[D]．青岛：中国石油大学(华东)，2011：15－20，38－42.
[58]SY/T 5873—2005．中华人民共和国石油天然气行业标准－有杆泵抽油系统设计、施工推荐作法[S].
[59]肖宁．有杆抽油系统的杆柱组合设计[D]．青岛：中国石油大学(华东)，2008：52－54.
[60]吴志良．有杆泵抽油系统优化设计及应用[J]．中外能源，2008，13(1)：46－51.
[61]杨美华．套管采油井抽油杆柱力学行为研究及应用[D]．南充：西南石油大学，2003：55－60.
[62]王济新．有杆抽油系统设计及诊断技术及其应[D]．南充：西南石油大学，2005：42－45.
[63]刘珂君．深抽井杆柱设计及配套工艺技术研究[D]．大庆：大庆石油学院，2010：38－42.
[64]原庆银．电加热抽油杆柱的设计与分析[D]．大连：大连理工大学，2005：19－23.
[65]李申．有杆泵抽油系统的优化设计[D]．大连：大连理工大学，2005：50.
[66]赵洪激，苏福顺．抽油杆柱设计方法的讨论[J]．钻采工艺，1995，18(4)：64－67.
[67]王卫刚，郝毅，赵亚杰，刘通，姚军，等．低渗透油田抽油杆柱配比优化研究[J]．石油化工应用，2011，30(10)：19－21.
[68]王海斌．抽油杆受力分析及优化管理[J]．石油天然气学报，2005，27(1)：122－123.
[69]代宗杰．三维井眼抽油杆柱受力分析研究[J]．科教论坛，2009，12：126－127.
[70]付亚荣，蒲祥金，等．基于疲劳强度的抽油杆杆柱设计[J]．重庆高等专科学校学报，2001，3(4)：13－14.
[71]王文昌，狄勤丰，顾春元，等．基于实际井眼轨迹的抽油杆柱 API 设计方法[J]．石油钻探技术，2006，31(1)：49－51.
[72]张琪．采油工程原理与设计[M]．东营：中国石油大学(华东)出版社，2000：143－146.
[73]万仁溥，罗英俊．采油技术手册第四分册[M]．北京：石油工业出版社，1991：217－224.
[74]吴则中．有杆抽油设备与技术－抽油杆[M]．北京：石油工业出版社，1994：8－10，295－310.
[75]龚沛曾，陆慰民，杨志强．Visual Basic 程序设计简明教程(第二版)[M]．北京：高等教育出版社，2004：149－220.

校企合作土木与建筑工程专业系列丛书

互联网+创新型“十四五”精品教材

建筑质量事故分析（微课版）

主　编◎李逸航　吕金昕　孙守东

副主编◎吕卓鹰　孙　红　乔俊飞

罗　浩　王裕惠　赵云梅

哈爾濱工程大學出版社

Harbin Engineering University Press

内 容 简 介

本书秉持培养"适应生产、建设、管理、服务第一线需要的高等技术应用型人才"的理念，结合典型案例剖析，采用项目化任务驱动模式。本书共八个项目，主要内容包括工程质量事故分析概述、地基工程事故处理、基础工程事故处理、钢筋混凝土工程事故处理、砌体结构工程事故处理、结构安装工程事故处理、防水工程质量事故处理、建筑工程倒塌事故处理。

本书内容新颖科学，易于理解掌握，实用性强，既可作为应用型本科院校、职业院校的教材，也可作为工程质量监督、施工管理从业者的参考用书。

图书在版编目（CIP）数据

建筑质量事故分析 ：微课版 / 李逸航，吕金昕，孙守东主编. -- 哈尔滨 ：哈尔滨工程大学出版社，2025.6. -- ISBN 978-7-5661-4800-1

Ⅰ. TU712

中国国家版本馆 CIP 数据核字第 2025J17Y47 号

建筑质量事故分析（微课版）

JIANZHU ZHILIANG SHIGU FENXI（WEIKE BAN）

选题策划 张林峰
责任编辑 王 静

出版发行 哈尔滨工程大学出版社
社 址 哈尔滨市南岗区南通大街 145 号
邮政编码 150001
电 话 0451-82519989
经 销 新华书店
印 刷 唐山唐文印刷有限公司
开 本 787 mm×1 092 mm 1/16
印 张 16
字 数 410 千字
版 次 2025 年 6 月第 1 版
印 次 2025 年 6 月第 1 次印刷
书 号 ISBN 978-7-5661-4800-1
定 价 49.80 元
http://www.hrbeupress.com
E-mail:heupress@hrbeu.edu.cn

前　言

党的二十大报告指出，“坚持尊重劳动、尊重知识、尊重人才、尊重创造，实施更加积极、更加开放、更加有效的人才政策”“着力形成人才国际竞争的比较优势。加快建设国家战略人才力量”“深化人才发展体制机制改革……把各方面优秀人才集聚到党和人民事业中来”。

建筑工程的质量与安全是社会和谐稳定与人民生命和财产安全的基石。随着城市化进程的加快和建筑技术的不断革新，建筑工程的复杂性和多样性日益增加，这对工程质量提出了更高要求。本书旨在对不同类型工程质量事故进行深入分析，内容涵盖了建筑工程的各个方面，包括地基工程、基础工程、钢筋混凝土工程、砌体结构工程、结构安装工程、防水工程以及建筑工程倒塌事故处理等。

本书具有以下特色：

（1）实战性强，案例丰富。本书中不仅阐述了理论知识，还通过大量的实际案例，深入剖析了各类质量事故发生的原因、表现形式及处理方法。

（2）参考性和指导性强。本书内容具有很强的指导性，能够为建筑工程的质量管理和事故处理提供有效的指导和支持。

（3）注重安全，强调预防。本书在介绍事故处理和加固技术的同时，也强调了安全施工的重要性，并提供了相应的预防措施和建议，这有助于读者在实际工作中树立安全意识，减少事故的发生。

本书由李逸航（山东公路技师学院）、吕金昕（四川华新现代职业学院）、孙守东（广州智科投资开发有限公司）担任主编，由吕卓鹰（滕州市安居工程开发建设中心）、孙红（安阳职业技术学院）、乔俊飞（内蒙古农业大学）、罗浩（重庆荣胜建设有限公司）、王裕惠（河南地矿职业学院）、赵云梅（重庆瑜煌电力设备制造有限公司）担任副主编。本书的相关资料和售后服务可扫封底微信二维码或登录网址 www.bjzzwh.com 下载获得。

编者在编写本书的过程中参考了大量资料，在此向这些资料的作者表示感谢。由于编者水平有限，书中难免存在不足之处，恳请广大读者批评指正并提出宝贵意见。

编　者